新编21世纪高等职业教育精品教材
电子与信息类

U0461886

Java面向对象
程序设计教程
（微课版）

主　编◎党中华
副主编◎蓝建平　邓　超　谢升余

中国人民大学出版社
·北京·

图书在版编目（CIP）数据

Java 面向对象程序设计教程：微课版 / 党中华主编 .

北京：中国人民大学出版社，2025.3. — （新编 21 世纪
高等职业教育精品教材）. —-ISBN 978-7-300-33411-0

Ⅰ . TP312.8

中国国家版本馆 CIP 数据核字第 2024J785T4 号

新编 21 世纪高等职业教育精品教材 · 电子与信息类

Java 面向对象程序设计教程（微课版）

主　编　党中华

副主编　蓝建平　邓　超　谢升余

Java Mianxiang Duixiang Chengxu Sheji Jiaocheng

出版发行	中国人民大学出版社	
社　　址	北京中关村大街 31 号	**邮政编码**　100080
电　　话	010-62511242（总编室）	010-62511770（质管部）
	010-82501766（邮购部）	010-62514148（门市部）
	010-62515195（发行公司）	010-62515275（盗版举报）
网　　址	http://www.crup.com.cn	
经　　销	新华书店	
印　　刷	北京密兴印刷有限公司	
开　　本	889 mm×1194 mm　1/16	**版　　次**　2025 年 3 月第 1 版
印　　张	16.5	**印　　次**　2025 年 3 月第 1 次印刷
字　　数	455 000	**定　　价**　48.00 元

P R E F A C E 序

在大数据、人工智能时代，新一代信息技术正加速与传统产业的融合，不管是消费领域，还是工业领域，都产生了对软件开发人员的大量需求。如果要考虑进入 IT 领域，则会面临选择一门合适的编程语言的问题。凭借着 Java 的跨平台兼容性、大量的工作机会、强大的社区支持、支持主流的开发范式、提供成熟的开发框架、支持大数据和云计算、支持 Android 应用开发、拥有巨大的生态系统等，Java 仍然是大部分程序员的首选。

在 Java 应用软件开发人员中，毕业于高职院校的学生占有相当大的比例。高职 Java 软件开发人才培养，需要采用适合学生特点与认知发展规律的教材，教材要符合以职业能力为主线的人才培养目标要求。现有 Java 程序设计教材或多或少存在一些问题，例如：偏重于对基础知识和基本技能的讲解，达不到岗位技能训练要求；一些国外经典教材提供的项目不适合国内工作场景要求；一些岗位培训类教材的部分内容对技术要求过高，学习难度大等。这些教材不能很好地满足岗位人才的培养需求。

本教材以 Java 程序员职业发展路径为指引，以 Java 软件开发能力培养为主线，以农产品销售项目为载体，以任务驱动的形式组织教学内容。教学项目具有实用性和时代性，难度适中；教学内容以必要、够用为原则，涵盖了程序员要掌握的 Java 核心基础技术，同时实现了与后续课程 Java Web 的无缝对接；技能训练对接岗位标准，按照"程序设计基础—面向对象程序设计—高级程序设计"的分阶段递进式路径安排实践教学任务，通过案例、实训等形式进行技能训练，使读者能够建立起系统性的 Java 面向对象技术栈，达到 Java 初级程序员的基本要求。作为新形态教材，按照"一体化设计，结构化课程，颗粒化知识"的要求，教材编写组在浙江省在线精品课程开放平台上建设了课程资源，该课程已经运行 10 期，配套教学资源丰富，便于读者开展线上线下学习。

本教材内容还参照了大数据应用开发（Java）1+X 职业技能等级证书标准，并进行了 3 期考证培训，在课证融通方面进行了有益尝试。本教材由具有多年教学经验的教师和富有项目开发与管理经验的企业技术专家合作编写，适应于应用型本科与高职学生选学，也可供专业技术人员参考。

嘉兴大学信息科学与工程学院

2025 年 1 月

FOREWORD 前言

软件是新一代信息技术的灵魂，是数字经济发展的基础。《"十四五"软件和信息技术服务业发展规划》提出依托国家科技计划等，补齐产业短板，提升基础能力。赛迪研究院发布的《关键软件领域人才白皮书（2020年）》显示，目前我国软件业务增长速度较快，前景良好，但关键软件人才、信息化人才依旧面临缺口。Java是当今世界最流行的编程语言之一，广泛应用于大数据、人工智能、云计算、智能家居、物联网等领域。学习Java面向对象程序设计对于读者掌握现代软件开发技术、提高编程能力和培养计算思维具有重要意义。本书以农产品销售项目为背景，以Java面向对象程序设计为核心，包括Java语言基础、Java高级技术等内容。为与后续课程衔接、进一步对接工作岗位，本书还安排了JSP页面设计，让读者更接近Java应用场景。

本书由院校教师与企业技术专家合作编写，以软件开发工作过程设计学习过程，选取典型工作任务组织教学内容，农产品销售项目下分多个单元，每个单元下分多个任务，每个任务中包含若干技能点。本书遵循Java程序员的成长规律，每个单元按照技术难度由低到高、逐层递进设置，由浅入深安排教学内容。以Java应用软件开发能力为核心、面向工作岗位、对接1+X证书、贴近实战是本书的特点。在农产品销售项目中，本书既会用到Java面向对象技术，也会使用数据库，还会用到集合框架、多线程等Java高级技术，最后要建立起农产品销售网站。所有教学环节都围绕项目实战进行设计。

读者在学习本书的过程中可以分为三个阶段：第一阶段包括单元1，是Java语言基础部分，主要介绍Java开发环境的安装配置和Java程序设计基础知识。这部分内容适合所有的初学者，包括没有任何程序设计基础的读者。第二阶段是本书的重点，包括单元2～单元5，是面向对象程序设计部分，包括类与对象、继承、多态、接口、抽象类、集合框架等。第三阶段包括单元6～单元9，属于Java高级程序设计部分，包括JDBC数据库编程、多线程、网络编程、Java Web编程基础等，其中单元9可以根据课时安排与读者的学习需求选学。读者还可以根据需要单独学习某一单元。

本书以党的二十大精神为指引，将习近平新时代中国特色社会主义思想、社会主义核心价值观和中华优秀传统文化教育内容融入教学内容，注重"术道结合"。本书落实立德树人根本任务，从爱国情怀、民族自信、社会责任、法治意识、软件定义未来、工匠精神、职业素养等方面着眼，将价值塑造、知识传授和能力培养融为一体，致力于培养德才兼备的Java软件开发人才。

本书由嘉兴职业技术学院党中华任主编，嘉兴职业技术学院蓝建平、谢升余及嘉兴东臣信息科技有限公司邓超任副主编。党中华编写了单元 1、单元 3、单元 4，蓝建平编写了单元 2、单元 5，谢升余编写了单元 6、单元 7，邓超编写了单元 8、单元 9。

本书适用于高职信息类、工业互联网技术等专业学生学习，也可作为大数据应用开发（Java）的培训教材，还可用于企业内部 Java 面向对象基础培训。

本书在浙江省高等学校在线开放课程共享平台建有"Java 程序设计"课程网站，已开设 6 期，共有 70 余个视频文件，约 600 分钟的视频，累计有 70 余所院校师生参与学习。

课程建议学时分配见下表。

序号	单元名称	单元内容	理论课时	实践课时
1	Java 语言基础	1. Java 语言的特点； 2. Java 的工作原理； 3. Java 的开发环境； 4. 变量的声明和使用； 5. 标识符和关键字； 6. 数据类型及其转换； 7. 运算符和表达式； 8. 选择结构流程控制； 9. 循环结构流程控制； 10. Java 程序开发流程。	4	2
2	面向对象程序设计	1. 类和对象的概念和关系； 2. 类的定义：属性、构造函数、方法； 3. 对象的创建、成员变量设置和获取、成员方法调用； 4. 访问修饰符； 5. 定义包和导入包； 6. 方法重载； 7. 方法重写； 8. 封装、继承和多态的概念和用途； 9. 继承、父类与子类； 10. 最终类和抽象类； 11. 接口和面向接口编程的概念和实现。	6	10
3	异常处理	1. 异常体系结构； 2. 异常的抛出； 3. 异常的捕获和处理； 4. 自定义异常。	2	2
4	I/O 数据流与文件	1. 数组； 2. String 类； 3. I/O 流的概念和层次结构； 4. 文件； 5. 字节流； 6. 字符流。	2	4

续表

序号	单元名称	单元内容	理论课时	实践课时
5	集合框架与泛型	1. 集合框架； 2. Collection 接口； 3. Iterator 接口； 4. List 接口及其实现类 ArrayList、LinkedList； 5. Set 接口及其实现类 HashSet、TreeSet； 6. Map 接口及其实现类 HashMap、TreeMap； 7. Comparable 和 Comparator 接口； 8. 泛型。	2	4
6	访问数据库	1. JDBC 模型与工作原理； 2. 使用 Statement 访问数据库； 3. 使用 PreparedStatement 访问数据库。	2	6
7	多线程	1. 多线程的定义与类型； 2. 创建和使用线程； 3. 多线程的控制； 4. 多线程同步。	2	2
8	网络编程	1. 计算机网络基础； 2. IP 地址和域名； 3. Java 网络编程基础； 4. Socket 编程。	2	6
9	Java Web 编程基础	1. Java Web 基础； 2. 编写简单的 JSP 页面； 3. JSP+Servlet 应用。	2	4
总计			64	

　　本书的编者有从事多年 Java 应用开发教学的教师，也有软件设计师、国外从事过大型软件开发的博士、企业的技术总监。多位编者对 Java 软件开发与人才培养有切身的体会和丰富的实践经验，对技术要点的把握与教学内容的选取有清晰的认识。本书在编写过程中融入了校企人员的项目开发与教学经验。

　　嘉兴大学的贾小军教授审阅了本书文稿，中国人民大学出版社的编辑对教材框架与编写体例提出了宝贵的修改意见和建议。本书还参考了部分国家规划教材、1+X 职业技能等级证书培训教材的内容与做法，相关教材作为参考文献列出。在此向以上专家和作者表示感谢。

　　由于编者水平有限，书中难免存在疏漏和不足之处，恳请读者给予批评指正，从而使本书得以改进和完善。

编　者

2025 年 2 月

CONTENTS **目 录**

单元 1　Java 语言基础

党的十八大以来，全国各地深化农村改革以统筹城乡发展、推动共同富裕，乡村面貌出现了可喜变化，农民实现了持续增收。IT 技术在推进乡村振兴，助力乡村产业发展和产业结构调整，实现农业农村产业现代化、信息化，构建农业产业体系等方面发挥着越来越大的作用。在服务"三农"、助力乡村振兴中，农产品销售平台已经成为国内外农业领域的热点和趋势。国内外很多互联网巨头纷纷涉足农产品电商领域，如阿里巴巴的农村淘宝、京东的京东农场等。这些平台通过整合农产品资源、提供便捷的交易渠道、优化物流体系等方式，推动了农产品电商的发展。农产品销售平台的系统结构如图 1-1 所示，主要包括以下功能：商品信息管理、供需匹配、线上交易、农产品配送、支付结算、售后服务等。其中，商品信息管理是平台的核心，用于农产品信息的收集、整理和发布，实现买卖双方的信息对称，促进供需匹配；线上交易提供交易流程、交易规则和交易保障等服务；农产品配送包括农产品的仓储、运输、配送等环节；支付结算是确保交易资金安全和交易快捷的重要环节；售后服务是提供退换货、投诉处理等服务，保障消费者权益。

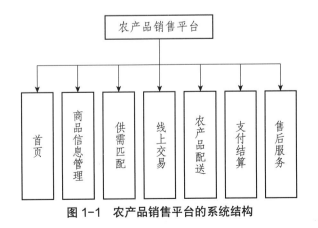

图 1-1　农产品销售平台的系统结构

本书根据软件开发工作过程设计学习过程，选取典型工作任务组织教学内容，以 Java 程序员技术栈为指引，以农产品销售平台为载体来开发教学情境。Java 程序员的技术路线如图 1-2 所示，分为

Java 核心基础、数据库核心技术基础、Java Web 技术三个阶段，这三个阶段中使用的主要技术和开发工具构成了 Java 程序员技术栈。

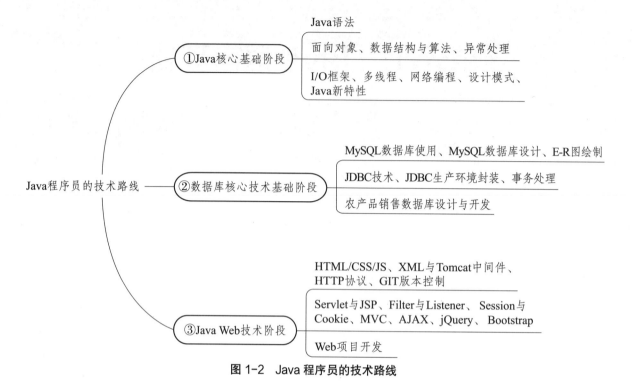

图 1-2　Java 程序员的技术路线

第一阶段：Java 核心基础阶段。

掌握 Java 语法基础，熟悉 Java 应用程序开发流程与原理；具备基本的面向对象程序设计能力，养成面向对象思维，包括面向对象、数据结构与算法、异常处理等；会运用 Java 高级技术编写应用程序，包括 I/O 框架、多线程、网络编程等，中级程序员要求掌握常用的 Java 设计模式；能够完成一个综合性的 Java 应用程序开发。

第二阶段：数据库核心技术基础阶段。

具备数据库使用与设计能力，包括数据库（如 MySQL）的使用与设计、E-R 图的绘制等；能够实现 Java 程序与数据库的连接，包括 JDBC 技术、JDBC 生产环境封装、事务处理等；具备数据库应用开发能力，会设计和开发农产品销售数据库。

第三阶段：JavaWeb 技术阶段。

掌握 Web 开发技术，包括 HTML/CSS/JS、XML 与 Tomcat 中间件、HTTP 协议、GIT 版本控制等；具备三层架构项目设计能力，会使用 Servlet 与 JSP、Filter 与 Listener、Session 与 Cookie、MVC、AJAX、jQuery、Bootstrap 等技术；能够完成简单的 Web 项目开发，为后续开发综合性的农产品销售平台做好技术准备。

🖊 学习目标

◆　**知识目标**

- 了解 Java 语言的特点；
- 掌握 Java 程序设计基础知识；

- 掌握 Java 程序开发方法。

◆ **技能目标**

- 会配置 Java 开发环境；
- 能够设计与开发 Java 程序；
- 会对程序进行简单调试。

◆ **素养目标**

- 熟悉软件开发过程，具备工程化思想；
- 了解中国软件发展现状，树立科技报国的理想。

知识导图

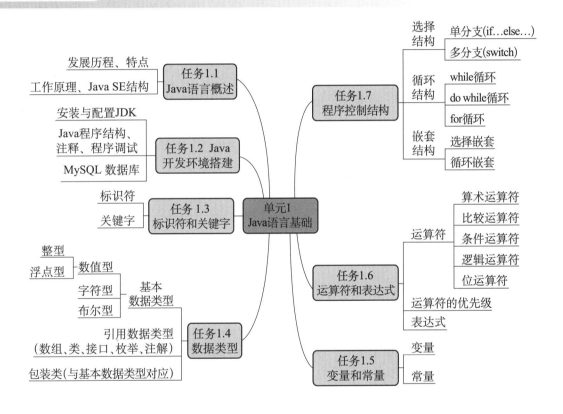

任务 1.1 　　　　　　　　　　Java 语言概述

任务描述

选择主流的 Java 技术来开发农产品销售平台，首先要了解 Java 语言的发展历程、特点与 Java SE 结构。

学习资源

数据输出语句　　　　　　　　数据输入语句

相关知识

　　Sun 公司（已被 Oracle 公司收购）于 1995 年 5 月推出了 Java 程序设计语言和 Java 平台。在几十年的时间里，Java 技术因为具有卓越的通用性、高效性、平台移植性和安全性，广泛应用于个人计算机、数据中心、游戏控制台、科学计算、移动电话和互联网中，拥有全球最大的开发者群体。在全球云计算、大数据、移动互联网的产业环境下，Java 更具备了显著优势和广阔前景。

1.1.1　Java 语言的发展历程

　　1991 年，Sun 公司的詹姆斯·高斯林（James Gosling）及其团队启动研发一种编程语言，最开始命名为 Oak（一种橡树）。这种语言最初是基于平台独立（即体系结构中立）的需要来设计的，它不仅吸收了 C++ 语言的各种优点，还摒弃了 C++ 里难以理解的多继承、指针等概念，可以嵌入各种消费类电子设备（如家用电器等）中，但市场反应不佳。

　　随着 20 世纪 90 年代互联网的发展，Sun 公司看到了 Oak 在互联网上的应用前景，于 1995 年将之更名为 Java。随着互联网的崛起，Java 逐渐成为重要的 Web 应用开发语言。

　　1996 年 1 月，Sun 公司发布了 Java 的第一个开发工具包（JDK 1.0）。这是 Java 发展历程中一个重要的里程碑，标志着 Java 成为一种独立的开发工具。同年 10 月，Sun 公司发布了 Java 平台的第一个即时（JIT）编译器。

　　1998 年 12 月 8 日，第二代 Java 平台的企业版 J2EE 发布。1999 年 6 月，Sun 公司发布了第二代 Java 平台（简称 Java 2）的 3 个版本：J2ME（Java 2 Micro Edition，Java 2 平台的微型版），应用于移动、无线及有限资源的环境；J2SE（Java 2 Standard Edition，Java 2 平台的标准版），应用于桌面环境；J2EE（Java 2 Enterprise Edition，Java 2 平台的企业版），应用于基于 Java 的应用服务器。Java 2 平台的发布是 Java 发展历程中又一个重要的里程碑，标志着 Java 的应用开始普及。

　　1999 年 4 月 27 日，HotSpot 虚拟机发布。HotSpot 虚拟机发布时是作为 JDK 1.2 的附加程序提供的，后来它成为 JDK 1.3 及之后所有 JDK 版本的默认 Java 虚拟机。

　　2014 年 3 月，Oracle 公司发布了 Java 8（又称 JDK 1.8），这是 JDK 的一个主要版本。JDK 8 支持函数式编程、新的 JavaScript 引擎、新的日期 API、新的 Stream API 等。目前，JDK 最新版是 JDK 21，具备支持序列与集合、分代 ZGC、虚拟线程等新特性。

　　发展至今，Java 不仅是一门编程语言，还是一个由一系列计算机软件和规范组成的技术体系。Java 是几乎所有类型的网络应用程序的基础，也是开发和提供嵌入式和移动应用程序、游戏、基于 Web 的内容和企业软件的全球标准。在全球云计算、大数据、移动互联网的产业环境下，Java 更具备了显著优势和广阔前景。

1.1.2　Java 语言的特点

Java 语言有简单、面向对象、分布式、健壮、安全、与平台无关、可移植、解释型、高性能、多线程、动态等特点。

1. 支持面向对象

面向对象是一种对现实世界理解和抽象的方法，是计算机技术发展到一定阶段后的产物。现实世界中任何实体都可以看作对象，对象之间通过消息相互作用。

传统的过程型编程语言以过程为中心，以算法为驱动（程序 = 算法 + 数据）。面向对象编程语言则以对象为中心，以消息为驱动（程序 = 对象 + 消息）。

Java 是典型的面向对象编程语言，具体面向对象的概念和应用会在后面的课程中详细介绍。

2. 与平台无关

Java 编写的应用程序，编译成字节码文件（.class 后缀）后，不用修改就可在不同的软 / 硬件平台上运行。

平台无关有两种：源代码级和目标代码级。C 和 C++ 具有源代码级平台无关性（没完全做到），表明用 C 或 C++ 编写的程序不用修改，在不同的平台上重新编译后，就可以在对应平台上运行。而 Java 语言是目标代码级的平台无关，是使用 JDK 编译成的字节码文件，只要在安装有 Java 虚拟机的平台上就可以运行，这就是通常所说的"一次编译，处处运行"。

3. 健壮性

强类型机制、丢弃指针、垃圾回收机制、异常处理等是 Java 语言健壮性的重要保证，对指针的丢弃是 Java 明智的选择。

（1）Java 是强类型的语言。Java 要求使用显式的方法声明，这样编译器就可以发现方法调用错误，保证程序的可靠性。

（2）Java 丢弃了指针。这样可以杜绝对内存的非法访问，虽然牺牲了程序员操作的灵活性，但对程序的健壮性而言，不无裨益。

（3）Java 的垃圾回收机制。Java 的垃圾回收机制是 Java 虚拟机提供的管理内存的机制，用于在空闲时间以不定时的方式动态回收无任何引用的对象所占据的内存空间。

（4）Java 提供了异常处理机制。程序员可以把一组可能出错的代码放在一个地方，针对可能的错误（异常）编写处理代码，简化错误处理过程，便于恢复。

1.1.3　Java 的工作原理

1. Java 虚拟机

Java 虚拟机（Java Virtual Machine，JVM）是运行 Java 字节码的虚拟机。它是 Java 语言的核心组成部分，与硬件无关，使 Java 语言可以实现"一次编译，处处运行"的目标。Java 虚拟机包括一套字节码指令集、一组寄存器、一个栈、一个垃圾回收堆和一个存储方法域。JVM 的一个主要优势是它能够实现自动内存管理，包括垃圾回收，这使得 Java 程序员不需要手动管理内存。

Java 引入了字节码的概念，JVM 把每一条字节码指令翻译成一段目标机器指令，然后执行。不同的操作系统平台有不同的 JVM，有 Linux 版本的 JVM，也有 Windows 版本的 JVM。如果想在不同的操作系统平台上运行字节码，目标平台需要有属于此平台的 JVM，然后这个 JVM 会将字节码解释为属于此平台的机器码。JVM 原理如图 1-3 所示。

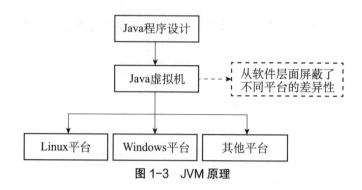

图 1-3　JVM 原理

2. Java 程序工作原理

Java 程序是在 Java 虚拟机上运行的，其工作过程如图 1-4 所示，Java 字节码文件先后经过 JVM 的类装载器、字节码校验器和解释器，最终在操作系统平台上运行。各部分的主要功能描述如下：

（1）类装载器。其主要功能是为执行程序寻找和装载所需要的类，就是把字节码文件装到 Java 虚拟机中。

（2）字节码校验器。其功能是对字节码文件进行校验，保证代码的安全性。字节码校验器负责测试代码段格式并进行规则检查，检查伪造指针、违反对象访问权限或试图改变对象类型的非法代码。

（3）解释器。具体的平台并不认识字节码文件，最终起作用的还是这个解释器，它将字节码文件翻译成所在平台能识别的东西。

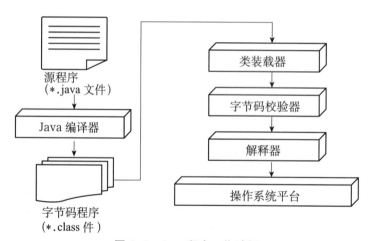

图 1-4　Java 程序工作过程

1.1.4　Java SE 的结构

Java SE 是 Java 的基础，它包含 Java 语言基础、JDBC 数据库操作、I/O（输入/输出）、网络通信、多线程等技术。

JDK 是一个 Java 应用程序的开发环境。它由两部分组成，下层是处于操作系统层之上的运行环境，上层由编译工具、调试工具和 Java 运行程序组成。

JDK 常用工具包括以下几个。

（1）javac：javac 是 Java 编译器，用于将 Java 源代码编译为字节码文件（.class 文件），以便在 Java 虚拟机上运行。

（2）java：java 命令用于启动 Java 应用程序。它接受字节码文件作为输入，并执行应用程序的入口点（即包含 main() 方法的类）。

（3）jar：jar 命令用于创建和管理 Java 归档文件（JAR 文件），它可以将多个类文件、资源文件和库文件打包到一个 JAR 文件中，并支持压缩和解压缩操作。

（4）javadoc：javadoc 工具用于从 Java 源代码中生成 API 文档。它读取源代码中的特殊注释（Javadoc 注释），并根据注释生成 HTML 格式的文档，描述类、接口、方法和字段的用法和说明。

JDK 包含以下常用类库。

（1）java.lang：系统基础类库，其中包括字符串类 String 等。

（2）java.io：输入输出类库，例如进行文件读写时需要用到。

（3）java.net：网络相关类库，例如进行网络通信时会用到其中的类。

（4）java.util：系统辅助类库，编程中经常用到的集合就属于这个类库。

（5）java.sql：数据库操作类库，连接数据库、执行 SQL 语句、返回结果集都需要用到该类库。

（6）javax.servlet：JSP、Servlet 等使用到的类库，是 Java 后台技术的核心类库。

任务总结

实施本任务的目的是了解 Java 语言的发展历程、特点与工作原理，为后续学习和使用 Java 语言做好准备。

任务思考

讨论：（1）Java 语言是在什么背景下产生的？（2）Java 字节码文件一定是由 Java 编译器产生的吗？（3）作为一门有几十年发展历史的程序设计语言，Java 是否还能满足大数据、人工智能时代软件开发需求？它又产生了哪些新技术？（4）如何用 Java 技术实现农产品销售平台的开发？

任务 1.2　　Java 开发环境搭建

任务描述

在采用 Java 技术开发软件之前，首先要搭建开发环境，安装 JDK、常用的集成开发环境（IDE）等。

学习资源

JDK 安装与配置

使用记事本创建 Java 应用程序

开发环境安装与配置

IntelliJ IDEA 的使用

使用开发工具创建 Java 应用程序

相关知识

1.2.1 配置 JDK

1. 下载并安装 JDK

Java 程序编写完成后，需要编译后才能执行，这就要用到 JDK 编译和执行工具，这些工具在 JDK 安装目录下。如果 Java 程序与编译、执行工具不在同一目录下，操作就不能进行，为方便操作，就需要配置环境变量。环境变量配置好后，在磁盘上的任意位置都可以调用 JDK 编译、执行工具。在企业级开发中，通常情况下，项目组会选择一个性能稳定的 JDK 版本供开发人员使用，以免出现由 JDK 版本差异带来的问题。

JDK 的安装过程很简单，一直单击"下一步"按钮即可。

2. Java 环境变量

Windows 操作系统中的 Java 环境变量一般包括 JAVA_HOME、PATH 和 CLASSPATH 三个变量。以 JDK 11.0.20 为例。

（1）JAVA_HOME：指示 JDK 的安装路径。该变量的值为"C:\Program Files\Java\jdk-11"。

（2）PATH：指示可执行文件（包括 Java 命令行工具）的搜索路径。当您在命令行中输入 Java 命令时，系统会按照 PATH 指定的路径来搜索该命令。该变量的值为"%JAVA_HOME%\bin;"。

（3）CLASSPATH：指示 Java 类文件的搜索路径。Java 程序运行时，会按照 CLASSPATH 指定的路径来搜索类文件。该变量的值为".;%JAVA_HOME%\lib;%JAVA_HOME%\lib\tools.jar;"（其中，第 1 个";"前面的"."代表当前路径）。

3. 配置环境变量

接下来以配置 JAVA_HOME 为例，具体介绍如何配置环境变量。在 Windows 7/10 系统中，右击"计算机"，选择"属性"→"高级系统设置"→"环境变量"命令，在"系统变量"中，新建 JAVA_HOME 环境变量，如图 1-5 所示。

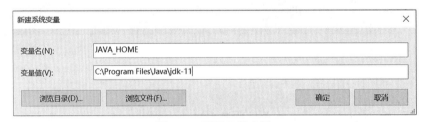

图 1-5　配置环境变量

其他环境变量配置类似，不同的是 PATH 这个环境变量不是新建的，只需要选中该环境变量后进行编辑修改即可。

1.2.2 验证 JDK 是否安装成功

在控制台下输入 java-version 命令，出现如图 1-6 所示的结果，即表明 JDK 安装成功。

```
C:\Users\Administrator>java -version
java version "11.0.20" 2023-07-18 LTS
Java(TM) SE Runtime Environment 18.9 (build 11.0.20+9-LTS-256)
Java HotSpot(TM) 64-Bit Server VM 18.9 (build 11.0.20+9-LTS-256, mixed mode)

C:\Users\Administrator>
```

图 1-6　JDK 安装成功

1.2.3　Java 程序开发流程

1. 编辑 Java 程序

以记事本等作为 Java 编辑器，编写第一个 Java 程序 HelloWorld。打开"记事本"，按照图 1-7 所示输入代码（注意大小写和程序缩进），完成后将其保存为 HelloWorld.java 文件（注意文件名后缀）。

```
HelloWorld.java - 记事本
文件(F)  编辑(E)  格式(O)  查看(V)  帮助(H)
public class HelloWorld {
    public static void main(String[] args) {
        System.out.println("Hello World!");
    }
}
```

图 1-7　HelloWorld 程序代码

2. 编译 Java 源文件

在控制台环境下，进入保存 HelloWorld.java 的目录，执行 javac HelloWorld.java 命令，对源文件进行编译。Java 编译器会在当前目录下产生一个以 .class 为后缀的字节码文件。

3. 运行 class 文件

执行 java HelloWorld（注意没有 .class 后缀）命令，会输出执行结果，如图 1-8 所示。

```
F:\Exercise\Chapt01>javac Helloworld.java

F:\Exercise\Chapt01>java HelloWorld
Hello world!
```

图 1-8　编译和运行 Java 程序

1.2.4　Java 程序结构

Java 源文件以 .java 为扩展名。源文件的基本组成部分是类（class），如本例中的 HelloWorld 类。

一个源文件中最多只能有一个 public 类，其他类的个数不限。如果源文件包含一个 public 类，则该源文件必须以 public 类名命名。

Java 程序的执行入口是 main() 方法，它有固定的书写格式：

```
public static void main(String[] args){...}
```

Java 语言严格区分大小写。

Java 程序由一条条语句构成，每个语句以分号结束。

上文编写的程序的作用是向控制台输出"HelloWorld!"。虽然该程序非常简单，但其包括一个 Java 程序的基本组成部分。以后编写 Java 程序，都是在这个基本组成部分上增加内容。下面是对编写 Java 程序基本步骤的介绍。

1. 编写程序结构

```
public class HelloWorld{

}
```

程序的基本组成部分是类，这里命名为 HelloWorld，因为前面有 public（公共的）修饰，所以程序源文件的名称必须和类名一致。类名后面有一对大括号，所有属于这个类的代码都写在这对大括号里面。

2. 编写 main() 方法

```
public static void main(String[] args){

}
```

一个程序运行起来需要有一个入口，main() 方法就是这个程序的入口，是这个程序运行的起始点。如果程序没有 main() 方法，Java 虚拟机就不知道从哪里开始执行了。需要注意的是，一个程序只能有一个 main() 方法。

3. 编写执行代码

```
System.out.println("HelloWorld!");
```

System.out.println（"*********"）方法向控制台输出"*********"，输出之后自动换行。JDK 包含了一些常用类库，提供了一些常用方法，这个方法就是 java.lang.System 类里提供的方法。如果程序员希望向控制台输出内容之后，不用自动换行，则使用方法 System.out.print()。

1.2.5　Java 程序注释

Java 程序中的注释是为方便程序阅读而写的一些说明性文字。它是程序员用来解释程序代码、功能和结构的一种手段，可以在一定程度上提高代码的可读性和可维护性。

通常在程序开头的注释中加入作者、完成时间、版本、要实现的功能等内容，以方便后期代码维护。

Java 的注释有 3 种：单行注释、多行注释、文档注释。

下面介绍 Java 程序员编写注释的规范。

（1）注释的内容要清楚明了，含义准确，防止注释二义性。例如：

```
String prodName ="大米";// 产品名称
```

（2）边写代码边加注释，修改代码的同时修改相应的注释，以保证注释与代码的一致性。不再有用的注释要删除。

（3）注释应该放在被注释的代码前面，分行展示，但中间不留空行。注释应与其描述的代码相近，对代码的注释应放在其上方或右方（对单条语句的注释）相邻位置，不可放在下面，若放于上方则需与其上面的代码用空行隔开。

（4）在代码中必要的位置加注释，要求注释占程序代码的比例达到 20% 左右。

（5）全局变量要有较详细的注释，包括对其功能、取值范围、存取方法及存取时的注意事项等的说明。

（6）源文件头部要有必要的注释信息，包括文件名、版本号、作者、生成日期、模块功能描述（如具体功能、主要算法、组成部分之间的关系、该文件与其他文件的关系等）、主要方法清单及本文件修改历史记录等。

（7）方法的前面要有必要的注释信息，包括方法名称、功能描述、输入和输出及返回值说明、抛出异常等。

下面是第一个 Java 程序增加注释后的完整程序。

```
/ **
 * CopyRight Information: DongSheng Hi-Tech  Co., LTD
 * Project          : CRM
 * JDK version used  : jdk 11.0.20
 * Author            : Li
 * Version           :1.0.0, 2013/8/1
 * */
public class HelloWorld{
/**
 * Description: 主函数，程序入口
 * @param String[] args
 * @return void
 */
    public static void main(String[] args){
        System.out.println( "HelloWorld!" );// 输出 HelloWorld!
    }
}
```

1.2.6　常见 Java 集成开发环境

常见的 Java 集成开发环境包括 Eclipse 和 IntelliJ IDEA。

1. Eclipse

Eclipse 是著名的跨平台自由集成开发环境（IDE），最初主要用于 Java 语言开发，目前也可以通过使用插件来作为 C++ 和 Python 等语言的开发工具。Eclipse 本身只是一个框架平台，但是众多插件的支持使得 Eclipse 拥有比其他功能相对固定的 IDE 软件更大的灵活性。许多软件开发商以 Eclipse 为框架开发自己的 IDE。

2. IntelliJ IDEA

IntelliJ IDEA（简称 IDEA）是一种流行的 Java 集成开发环境。IntelliJ 在业界被公认为是最好的 Java 开发工具，尤其在智能代码助手、代码自动提示、重构、Java EE 支持、各类版本工具（Git、SVN 等）、JUnit、CVS 整合、代码分析、创新的 GUI 设计等方面的功能可以说是超常的。IDEA 是 JetBrains 公司的产品，它的旗舰版还支持 HTML、CSS、PHP、MySQL、Python 等。免费版只支持 Java、Kotlin 等少数语言。

1.2.7 MySQL 数据库

1. MySQL 数据库简介

在 Java 应用程序中，与数据库的交互是常见且重要的一部分。MySQL 是一个广泛使用的关系型数据库管理系统，而 Java 作为一种强大的编程语言，提供了丰富的 API 和工具，使得与 MySQL 数据库的结合应用更加便捷和高效。在 Java 应用程序中，使用 MySQL 的主要步骤如下：

（1）安装 MySQL 驱动程序。

在 Java 中使用 MySQL 数据库之前，首先需要下载并安装 MySQL Connector/J 驱动程序。Connector/J 是 MySQL 官方提供的 Java 驱动程序，用于在 Java 程序中连接 MySQL 数据库。

在 MySQL 官方网站上下载与 MySQL 版本对应的 Connector/J 驱动程序（JAR 文件），将该 JAR 文件添加到 Java 项目的 classpath 中，就可以使用 MySQL 数据库了。

（2）配置数据库连接。

在 Java 代码中首先要连接 MySQL 数据库，配置数据库的连接信息。这些连接信息包括数据库 URL、用户名和密码等：

```
String url="jdbc:mysql://localhost:3306/mydatabase";
String username="root";
String password="password";
```

在上述代码中，url 是 JDBC 的 URL（Uniform Resource Locator）对象，指定数据库的位置和连接信息。其中，localhost 表示数据库所在的主机地址，3306 是 MySQL 数据库的默认端口号，mydatabase 是要连接的数据库名称。username 和 password 分别是登录数据库的用户名和密码。

（3）建立数据库连接。

在配置好数据库连接信息后，可以使用 Java 代码建立与 MySQL 数据库的连接。可以使用 DriverManager 类的 getConnection() 方法来实现：

```
Connection connection = DriverManager.getConnection(url, username, password);
```

getConnection 方法接受三个参数：数据库 URL、用户名和密码。它返回一个 Connection 对象，表示与数据库的连接。

（4）执行 SQL 语句。

建立数据库连接后，可以使用 Java 代码执行 SQL 语句。可以使用 Statement 对象或 PreparedStatement 对象来执行 SQL 语句。

2. 数据库管理工具 Navicat

Navicat for MySQL 是管理和开发 MySQL 或 MariaDB 的理想解决方案。它是一套单一的应用程序，能同时连接 MySQL 和 MariaDB 数据库，并与 OceanBase 数据库及 Amazon RDS、Amazon Aurora、Oracle Cloud、Microsoft Azure、阿里云、腾讯云和华为云等云数据库兼容。这套全面的前端工具为数据库管理、开发和维护提供了一款直观而强大的图形界面。用户可以使用 Navicat 快速、轻松地创建、管理和维护数据库。

1.2.8 程序调试技术

Java 调试技术是指利用各种工具和技术来检查程序运行状态和问题，并找到程序中的错误。

Java 调试步骤如下：

（1）设置 Debug 模式。

在 IDE（如 Eclipse）中选择需要 Debug 运行的 Java 程序或类，并进入 Debug 模式。

（2）断点调试。

在 Java 程序代码中插入断点（Break Point），可以通过单击源代码行号，在每个断点处启动程序的运行，程序运行到断点时自动停止，以供调试。

（3）查看变量值。

在调试过程中，可以在调试视图中查看各个变量值以及堆栈轨迹（Stack Trace）。

（4）逐步执行。

调试程序时要注意逐步执行，就是每次只执行一条语句，以便观察变量的变化。

（5）监视器。

可以将一个变量设置为监视器（Monitor），以便在程序执行的时候实时地监视变量的变化。

Java 调试实例：找到数组中的最大值。

```java
public class ArrayMax {
    public static void main(String[] args) {
    // 数据类型可指定
        int [] array = {5,15,20,30,10000};
        int max = array[0];// 假设第一个值为最大值
        for (int i = 1; i < array.length; i++) { // 和后面的数进行比较
            if(array[i] > max) {
            max = array[i];
            }
        }
    System.out.println("最大值是:"+ max);
    }
}
```

在 Eclipse 中通过设置断点调试该程序，可以在 Debug 视图中查看变量的变化，找到数组中的最大值。

任务总结

搭建和配置 Java 开发环节是 Java 项目开发的第一步，通过学习和掌握 JDK 的安装与配置，了解 Java 程序开发流程。在此基础上，了解和掌握常用的 Java 集成开发环境（IDE），为深入学习 Java 程序开发奠定基础。

任务思考

JDK 在 Java 程序开发中的作用是什么？它有哪些典型版本？安装 Java 集成开发环境时，需要单独安装 JDK 吗？在企业级开发中，对 JDK 版本的选择标准是什么？

任务 1.3 标识符和关键字

任务描述

农产品销售平台中，需要保存商品信息，根据单价、数量计算客户应付金额。在 Java 程序中，数据的保存、计算等操作都要用到变量。在使用变量之前，首先要解决变量的命名问题。这就需要学习标识符和关键字了。

学习资源

标识符与关键字

相关知识

1.3.1 标识符

Java 标识符用来对变量、常量、类和方法等进行命名。在编程语言中，标识符就是程序员根据编程规范命名的、具有特定含义的字符序列，如类名称、属性名、变量名等。

Java 标识符有如下命名规则：

（1）标识符可以由字母、数字、下划线 "_" 和美元符号 "$" 组成，但不能包含 "@"、"%"、空格等其他特殊字符，不能以数字开头。

（2）标识符不能是 Java 中的关键字和保留字（Java 预留的关键字，版本升级时有可能作为关键字），但可以包含关键字和保留字。

（3）标识符严格区分大小写。

（4）标识符的长度理论上是没有限制的，但标识符应该尽量简短且有意义。

（5）标识符的名称要能反映其命名对象的性质和内涵，做到见名知义。

合法标识符举例：age、G20、_value、$salary。非法标识符举例：123abc、-salary。

总之，程序中标识符不仅要合法，而且要简短且能清楚地表明含义，同时还要符合 Java 标识符的命名规范，这样可以让程序规范、易读。下面列举了不同类型的标识符的命名规则，需要遵照执行。

（1）Java 中的标识符应该使用驼峰命名法，即第一个单词的首字母小写，后续单词的首字母大写。例如：firstName、totalPrice。

（2）Java 类名的首字母应该大写，如果类名由多个单词组成，每个单词的首字母都应该大写。例如：MyClass、NewClass。

（3）Java 的方法名和变量名的首字母应该小写，如果方法名或变量名由多个单词组成，第一个单词的首字母小写，后续单词的首字母大写。例如：方法 calculateTotalPrice()、变量 numberOfStudents。

1.3.2　关键字

Java 关键字对 Java 编译器有特殊的意义，它们用来表示一种数据类型或者表示程序的结构等。关键字不能用作变量名、方法名、类名和包名。

部分程序编辑器和集成开发环境都会用特殊的字体和颜色把 Java 关键字标识出来。

Java 的关键字都是小写的英文字符串。Java 关键字可以分为以下几类：

（1）访问控制关键字：public、protected、private。

（2）类、方法和变量修饰符关键字：abstract、final、static、synchronized、native、transient、volatile。

（3）类和接口关键字：class、interface、extends、implements。

（4）程序流程控制关键字：if、else、for、while、do、switch、case、default、break、continue、return。

（5）异常处理关键字：try、catch、finally、throw、throws。

（6）其他关键字：super、this、new、instanceof、package、import、assert。

任务总结

标识符和关键字是 Java 语言的语法规则的组成部分。标识符和关键字虽然是 Java 语言的基础知识，但相关语法规则贯穿于 Java 的所有知识点中。

任务思考

Java 语言中，变量名会区分大小写吗？为什么在 Java 语言中还要保留 goto 关键字？关键字与保留字的区别是什么？

任务 1.4　数据类型

任务描述

Java 程序的主要功能是处理数据，而数据存放在各种变量中，在处理数据之前，需要明确待处理数据的数据类型，将其存放到对应数据类型的变量中。

学习资源

基本数据类型

数据类型转换

Java 装箱与拆箱

（相关知识）

1.4.1 Java 数据类型概述

对 Java 语言来说，任何数据在任何时刻都有所属类型。不同的数据类型能够存放不同性质的数据，例如，整型能够用来表示年龄，而布尔型可用于区分性别。不同的数据类型在内存中被分配的字节数可能不同，从而它们各自能表示的数值范围也不同。数据类型决定了能够对数据进行的操作。例如，可以对整型数据做移位操作，可以对字符型数据做大小写转换操作。

根据能对数据进行的操作以及数据所需内存大小的不同，数据可分成不同的类型。编程的时候需要用大数据的时候才需要申请大内存，这样就可以充分利用内存。

Java 数据类型分为两大类，即基本数据类型和引用数据类型，如图 1-9 所示。其中，引用数据类型又分为数组、类、接口、枚举和注释。

Java 的基本数据类型分为 4 种，分别是整型、浮点型、字符型和布尔型。后文的表 1-1 列出了不同的 Java 基本数据类型所占的字节数、取值范围和使用说明。

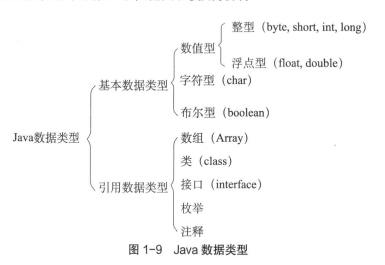

图 1-9 Java 数据类型

1.4.2 整型

Java 的整型数据有固定的表示范围和字段长度，其不受具体操作系统的影响，以保证 Java 程序的可移植性。

Java 语言整型常量有以下 3 种表示形式。

（1）十进制整数，如 12、-127、0。

（2）八进制整数，每位数字的范围是 0～7，以 0 开头，如 014（对应于十进制的 12）。

（3）十六进制整数，每位数字的范围是 0～f，以 0x 或 0X 开头，如 0XC（对应于十进制的 12）。

进制转换的内容不是本书涉及的范畴，如有不清楚的，请查阅相关资料。

Java 语言的整型常量默认为 int 型，声明 long 型的整型常量需要在常量后面加上"l"或"L"，例如：

```
long maxNum = 9223372036854L;  //64 位
```

1.4.3 浮点型

在计算机中表示实数最常用的方法是使用浮点数。相对于定点数而言，浮点数利用指数使小数点的位置可以根据需要上下浮动，从而可以灵活地表达更大范围的实数。

Java 语言浮点型常量有以下两种表示形式：

（1）十进制形式，如 3.14，314.0，.314。

（2）科学记数法形式，如 3.14e2，3.14E2，100E-2。

Java 语言浮点型常量默认为 double 型，声明一个 float 型常量，则需要在常量后面加上"f"或"F"，例如：

```
float floatNum = 3.14F;
```

1.4.4　字符型

字符型（char 型）数据用来表示通常意义上的字符。

字符型常量是用单引号括起来的单个字符，因为 Java 使用 Unicode 编码，1 个 Unicode 字符占 2 个字节，1 个汉字也是占 2 个字节，所以 Java 语言字符型变量可以存放 1 个汉字，例如：

char c1 = 'A';

char c2 = '中';

Java 语言字符型常量有以下 3 种表示形式：

（1）用英文单引号括起来的单个字符，如 'A'、'中'。

（2）用英文单引号括起来的十六进制字符代码值来表示单个字符，其格式为 '\uxxxx'，其中 u 是约定的前缀（u 是 Unicode 的第一个字母），后面的 xxxx 是 4 位十六进制数，代表该字符在 Unicode 字符集中的序号，如 '\u0041'。

（3）某些特殊的字符可以采用转义符"\"来表示，将其后面的字符转变为其他含义，如"\t"代表制表符，"\n"代表换行符，"\r"代表回车符等。

下面的程序显示了 Java 字符的使用方法。

```
class CharOprExam {
    public static void main(String[] args){
        char c1 ='A';
        char c2 ='中';
        int n1 ='A'; // 字母 "A" 的 Unicode 编码是 65
        int n2 ='中'; // 汉字 "中" 的 Unicode 编码是 20013
        // 注意是十六进制:
        char c3 ='\u0041'; //'A',因为十六进制 0041 = 十进制 65
        char c4 ='\u4e2d'; //'中',因为十六进制 4e2d = 十进制 20013
        System.out.println("显示汉字:"+ c2);
        System.out.println("Unicode 代码 0041 对应的字符是: " + c3);
        System.out.println('\t'+"Unicode 代码 4e2d 对应的字符是: " + c4);
    }
}
```

1.4.5　布尔型

Java 中布尔型可以表示真或假，只允许取值 true 或 false（不可以用 0 或非 0 的整数代替 true 和 false，这点和 C 语言不同），例如：

```
boolean signature = true;
```

布尔型用于逻辑运算，一般用于程序流程控制。

1.4.6 基本数据类型转换

Java 的数据类型转换分为以下 3 种：基本数据类型转换、字符串与其他数据类型转换、其他实用数据类型转换。本部分介绍 Java 的基本数据类型转换，其中布尔型不可以和其他数据类型互相转换。整型、字符型、浮点型的数据在混合运算中相互转换遵循以下原则：

（1）小范围数转换为大范围数，称为自动类型转换。

（2）byte、short、char 类型混合运算时，先各自转换成 int 类型再做运算。

（3）大范围数转换为小范围数，称为强制类型转换，必须在变量前加强制类型转换符"（类型名）"，但计算结果可能会出现精度损失，所以请谨慎使用。

（4）多种数据类型混合运算时，先自动转换成范围最大的那一种数据类型后，再进行计算（如图 1-10 所示）。

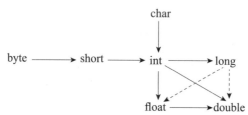

图 1-10　Java 基本数据类型转换

注：实箭头表示无信息丢失的转换，虚箭头表示可能有精度损失的转换。

下面是实现 Java 基本数据类型转换的程序示例。

```
class TypeConvertExam {
    public static void main(String[] args){
        //1. 整型隐式类型转换
        byte num1 = 10;
        int num2 = num1; // byte 转换为 int
        short num3 = 1000;
        int num4 = num3; // short 转换为 int
        //2. 浮点型隐式类型转换
        float x1 = 3.14f;
        double x2 = x1; // float 转换为 double
        //3. 字符型隐式类型转换
        char ch ='A';
        int num = ch; // char 转换为 int
        //4. 整型显式类型转换
        double value = 3.14;
        num = (int) value; // double 转换为 int
    }
}
```

以下代码是错误的：

```
float f=1.0; // 出错，1.0 自动转换为 double 类型
long a=2147483648; // 出错，整数默认为 int 类型，2147483648 超出 int 的取值范围
```

1.4.7 引用数据类型

8 种基本数据类型是 Java 的内置类型。在很多应用程序开发中，仅使用这几种类型是远远不够的。在 Java 中，引用数据类型（又叫复合数据类型）是由多个简单数据类型组合而成的数据类型，这些简单数据类型可以是 Java 内置的基本数据类型或是其他复合数据类型。复合数据类型也可以被称为复杂数据类型或组合数据类型。

在 Java 中，有以下几种引用数据类型：

（1）数组（Array）；

（2）类（Class）；

（3）接口（Interface）；

（4）枚举（Enum）；

（5）注释（Annotation）。

1. 数组（Array）

数组是 Java 中的一种复合数据类型，它可以存储相同数据类型的一组数据。在 Java 中，可以通过以下方式来创建一个数组：

```
// 创建一个 int 数组
int[]intArray=new int[5];
// 创建一个 String 数组
String[] strArray=new String[10];
```

可以使用以下方式来初始化一个数组：

```
// 初始化一个 int 数组
int[] intArray={1, 2, 3, 4, 5};
// 初始化一个 String 数组
String[] strArray={"Hello","World"};
```

2. 类（Class）

类是 Java 中的一种复合数据类型，它是面向对象编程中的基本概念。类封装了数据和行为，并定义了对象的属性和方法。在 Java 中，可以通过以下方式来定义一个类：

```
public class MyClass {
    // 定义一个变量
    private int myVar;
    // 定义一个方法
    public void myMethod() {
```

```
        System.out.println("Hello World");
    }
}
```

创建一个类的对象需要使用关键字 new，例如：

```
MyClass myObj = new MyClass();
```

3. 接口（Interface）

接口是 Java 中的一种复合数据类型，它是一个定义了方法集合的抽象类型。在 Java 中，可以通过以下方式来定义一个接口：

```
public interface MyInterface {
    // 定义一个方法
    public void myMethod();
}
```

类可以通过实现接口来使用接口中定义的方法：

```
public class MyClass implements MyInterface {
    // 实现接口中的方法
    public void myMethod() {
        System.out.println("Hello World");
    }
}
```

4. 枚举（Enum）

枚举是 Java 中的一种复合数据类型，它是一组具有固定数量的有命名值的常量。在 Java 中，可以通过以下方式来定义一个枚举：

```
public enum Season {
    SPRING,
    SUMMER,
    AUTUMN,
    WINTER
}
```

枚举常量可以通过以下方式来访问：

```
Season firstSeason = Season.SPRING;
```

5. 注释（Annotation）

注释是 Java 中的一种复合数据类型，它是在程序中添加元数据的一种方式。在 Java 中，可以通过以下方式来定义一个注释：

```
public @interface MyAnnotation {
    // 定义一个属性
    String value();
}
```

注释可以通过以下方式来使用：

```
@MyAnnotation(value="Hello World")
public class MyClass {
    // ...
}
```

1.4.8　包装类

Java 中的数据类型总体上分为基本数据类型和引用数据类型。引用类型的数据可以通过对象操作的形式使用，也就是说，我们可以通过对象的属性和方法来进行操作。但如果是基本数据类型的数据，我们能不能像操作对象那样来操作呢？为了实现这个目标，Java 为 8 种基本数据类型分别设计了对应的类，我们称其为包装类（Wrapper Class），或者称其为外覆类或数据类型类。因为这些包装类都是引用类型，所以我们就可以方便地操作这些数据的属性和方法了。

Java 为基本数据类型设计了对应的包装类，基本数据类型 byte、short、int、long、float、double、char 对应的包装类分别是 Byte、Short、Integer、Long、Float、Double、Character。其中，6 个整数类都是 Number 的子类，可以在它们之间进行类型转换。

Java 基本数据类型的取值范围与对应的包装类参见表 1-1。

表 1-1　Java 基本数据类型的取值范围与对应的包装类

基本数据类型	字节数	取值范围	使用说明	包装类
byte	1	$-2^7 \sim 2^7-1$	-128 ～ 127	Byte
short	2	$-2^{15} \sim 2^{15}-1$	-32 768 ～ 32 767	Short
int	4	$-2^{31} \sim 2^{31}-1$	-2 147 483 648 ～ 2 147 483 647	Integer
long	8	$-2^{63} \sim 2^{63}-1$	-9 223 372 036 854 775 808 ～ 9 223 372 036 854 774 807，直接赋值时必须在数字后加上 l 或 L	Long
float	4	1.4E-45 ～ 3.4E38	±3.40282347E+38F，精度为 6 ～ 7 位小数，直接赋值时必须在数字后加上 f 或 F	Float
double	8	4.9E-324 ～ 1.8E308	±1.79769313486231570E+308，精度为 15 位小数	Double
char	2	Unicode 0 ～ $2^{16}-1$	使用 Unicode 编码（2 个字节），可存储汉字	Character
boolean	—	—	只有 true 和 false 两个取值	Boolean

任务总结

Java 数据类型分为基本数据类型和引用数据类型。在 Java 中，引用类型的变量非常类似于 C 和 C++ 的指针。引用类型指向一个对象，指向对象的变量是引用变量。这些变量在声明时被指定为一个特定的类型，如 Employee、Puppy 等。引用变量一旦声明后，类型就不能被改变了。Java 中的引用类型共有五种，分别是数组、类、接口、枚举和注释。这些引用类型的默认值都是 null。

任务思考

　　char 型数据占几个字节？char 型与 ASCII 码之间是什么关系？不同数据类型之间的转换有哪几种形式？基本数据类型与引用数据类型的区别是什么？包装类与对应的基本数据类型的区别是什么？

任务1.5　变量和常量

任务描述

　　在农产品销售系统平台中，数据查询和计算等都会用到变量和常量，只有掌握了变量和常量的用法，才能正确处理数据。

学习资源

变量的作用域

相关知识

1.5.1　变量

　　Java 程序运行过程中，随时可能产生一些临时数据，应用程序会把这些数据保存在一些内存单元中，每个内存单元都用一个标识符来命名。这些内存单元就称为变量，定义的标识符叫作变量名，内存单元中存储的数据就是变量的值。

　　Java 变量由变量类型、变量名和变量值构成，其声明格式如下：

```
DataType identifier [=value];
```

　　其中，DataType 表示变量的数据类型，identifier 是变量名，value 是变量值，在声明变量的时候可以不初始化变量值。

　　在使用变量时，要避免出现未赋值就使用的情况。为了避免程序出错，也要做到变量先赋值后使用。

1.5.2　常量

　　所谓常量，我们可以理解为是一种特殊的变量，它的值被设定后，在程序运行过程中不允许改变，如数学常数、配置信息等。Java 中常量的定义使用关键字 final 来修饰。

以下是定义和使用常量的示例代码：

```
final double PI = 3.141592653589793;
final int MAX_LENGTH = 100;
final String APP_NAME ="MyApp";
```

Java 语言主要利用 final 关键字（在 Java 类中灵活使用 Static 关键字）来进行 Java 常量定义。当常量被设定后，一般情况下就不允许再进行更改。在定义常量时，需要注意以下事项：

（1）Java 常量定义的时候，就需要初始化。

也就是说，必须在常量声明时对其进行初始化。与局部变量或成员变量不同，在常量被进行初始化之后，在应用程序中就无法再次对这个常量进行重新赋值，否则系统会报错。

（2）final 关键字使用的范围。

final 关键字不仅可以用来修饰基本数据类型的常量，还可以用来修饰对象的引用或方法。例如，数组就是一个对象引用，为此可以使用 final 关键字来定义一个常量的数组，这是 Java 语言中一个很大的特色。一旦一个数组对象被 final 关键字设置为常量数组之后，它就只能够恒定地指向一个数组对象，无法将其改变而指向另外一个对象，也无法更改数组（有序数组的插入方法可使用二分查找算法）中的值。

（3）需要注意常量的命名规则。

在 Java 语言中定义常量也有自己的一套规则。例如在给常量取名的时候，一般都用大写字符。另外，在常量中，往往通过下划线来分隔不同的字符，而不像对象名或类名那样，通过首字符大写的方式来进行分隔。这些规则虽然不是强制性的规则，但是为了提高代码的友好性，方便开发团队中的其他成员阅读，这些规则还是需要遵守的。

1.5.3　成员变量和局部变量

根据变量声明位置的不同，变量可以分为成员变量和局部变量。

成员变量是在类的内部、方法（含语句块）外部定义的变量，其作用域从变量定义位置起到类结束。而局部变量是在方法（含语句块）内部定义的变量（包括形参），其作用域从变量定义位置起到方法（含语句块）结束。对于 Java 而言，类的外面不能有变量的声明。

下面是一个局部变量的例子，在 main() 方法中调用 raisePrice() 方法，程序运行时出错。

```
public class VarScopeExam{
    public void raisePrice(){
        int price;
        price = price + 5;
        System.out.println("New price is : " + price);
    }


    public static void main(String args[]){
        VarScopeExam vse = new VarScopeExam();
        vse.raisePrice();
```

```
        }
    }
```

以上实例编译运行结果如下：

```
VarScopeExam.java:4:17。
```

java：可能尚未初始化变量 price。

```
price = price + 5;
```

在上例中，raisePrice() 方法中的 price 是一个局部变量，使用前未被初始化。

另外需要注意的是，在 Java 中声明的成员变量可以不赋初始值，有默认的初始值（基本数据类型的默认初始值为 0、0.0、'\u0000' 和 false），如果声明局部变量则必须赋初始值。

任务总结

变量是 Java 程序中的基本存储单元，它的定义主要包括变量名、变量类型和变量的作用域三个部分。值不变的量叫作常量，常量名一般使用大写字符。程序中使用常量可以提高代码的可维护性。成员变量是定义在类内部、方法外部的变量，也称为实例变量或全局变量。成员变量有默认值（int 为 0，boolean 为 false 等），存在于对象所在的堆内存中。局部变量是定义在方法内部，或者方法的参数，或者代码块内部的变量。局部变量没有默认值，必须初始化后才能使用，存在于栈内存中。

任务思考

变量使用的基本原则是什么？什么叫变量的作用域？ Java 中有全局变量吗？成员变量与局部变量的区别是什么？成员变量的作用域是什么？

任务 1.6　运算符和表达式

任务描述

在农产品销售平台中，需要对商品按照价格的高低进行排序，以方便客户选择，也会根据会员的条件，提供折扣优惠。这些操作都要用到运算符和表达式。

学习资源

算术运算符

条件运算符

逻辑运算符

赋值和关系运算符

相关知识

1.6.1　Java 运算符

1. 算术运算符

根据参与运算的项数分，算术运算符可以分为以下 3 类：

（1）单目运算符：+（取正）、-（取负）、++（自增 1）、--（自减 1）。

（2）双目运算符：+（加）、-（减）、*（乘）、/（除）、%（取余）。

（3）三目运算符：(表达式 1)?(表达式 2):(表达式 3)，当表达式 1 的结果为真时，整个运算的结果为表达式 2，否则为表达式 3。该运算符是 Java 语言中唯一一个三目运算符，常被使用，需要掌握。

下面是一个使用多种算术运算符的例子。

```java
class ArithOprExam {
    public static void main(String[] args) {
        int i1 = 10, i2 = 20;
        int i = (i2++);                    //++ 在 i2 后，故先运算（赋值）再自增
        System.out.print("i = " + i);
        System.out.println("i2 = " + i2);
        i = (++i2);                        //++ 在 i2 前，故先自增再运算（赋值）
        System.out.print("i = " + i);
        System.out.println("i2 = " + i2);
        i = (--i1);                        //-- 在 i1 前，故先自减再运算（赋值）
        System.out.print("i = " + i);
        System.out.println("i1 = " + i1);
        i = (i1--);                        //-- 在 i1 后，故先运算（赋值）再自减
        System.out.print("i = " + i);
        System.out.println("i1 = " + i1);
        System.out.println("10 % 3 = " + 20%3);
        System.out.println("20 % 3 = " + 10%3);
        int rst = (20 % 3)>1 ? -10 : 10;
        System.out.println("(20 % 3)>1 ? -10 : 10 = " + rst);
    }
}
```

2. 比较运算符

比较运算符又叫关系运算符，Java 中的比较运算符用于判断两个数据的大小，如大于、等于、不等于。比较的结果是一个布尔值（true 或 false）。比较运算符的含义及示例见表 1-2。

表 1-2　比较运算符的含义及示例

比较运算符	含义	示例	结果
==	相等于	4==3	false
!=	不等于	4!=3	true
<	小于	4<3	false
>	大于	4>3	true
<=	小于等于	4<=3	false
>=	大于等于	4>=3	true
instanceof	检查是否是类的对象	"Hello" instanceof String	true
比较运算符的结果都是布尔型，要么是 true，要么是 false			
比较运算符 "==" 不能误写成 "="			

>、<、>=、<=：只适用于基本数据类型（除布尔型外）。

==、!=：适用于基本数据类型和引用数据类型。

需要注意的是，关系运算符 "==" 和赋值运算符 "=" 看起来比较类似，但含义完全不同，"==" 用于判断两边是否相等，而 "=" 是将右边的值赋给左边。

+=、-= 等是扩展的赋值运算符，x += y 等价于 x = x + y。程序员在实际的编程过程中，为了方便阅读，尽量不要使用这种扩展的赋值运算符。

3. 条件运算符

条件运算符用于控制程序流程并根据提供的条件输出相应的结果。条件运算符有三种类型，分别为条件与、条件或和三元运算符，条件运算符的执行结果是布尔型。条件运算符的示例与解释见表 1-3。

表 1-3　条件运算符的示例与解释

条件运算符	示例	解释
&&	x && y	如果 x 和 y 都为真，则返回真
||	x || y	如果 x 或 y 为真，则返回真
&	x&y	如果 x 和 y 都是布尔值且都为真，则返回真。如果两个变量都是整数型，则执行按位与运算
|	x|y	如果 x 和 y 都是布尔值且其中一个为真，则返回真。如果两个变量都是整数型，则执行按位或运算
^	x^y	如果 x 和 y 都是布尔值且 x 和 y 是不同的值，则返回 true。如果两个变量都是整数型，则执行按位 XOR 运算
!	! X	如果 x 为假，则返回真

&&、|| 和 &、| 中的运算符含义相同，但它们的行为有明显区别。

对于 &，如果左、右操作数都为真，则返回真；如果左操作数为假，则不管右操作数是真还是假，都会返回假。对于 &&，如果左操作数为假，则返回假而不执行右操作数；如果左操作数为真，则在执行右操作数后返回真或假。

对于 || 和 |，如果左操作数或右操作数为真，则返回真，这意味着如果左操作数为真，则无论右操作数是真还是假都返回真。对于 ||，如果左操作数为真，则返回真而不执行右操作数。对于 |，如果左操作数为真，则在执行右操作数后返回真。

&&、|| 和 &、| 的行为区别在于，当整体执行结果只能由左操作数的结果确定时，是否执行右操作数。由于这些特性，&& 和 || 运算符也称为短路运算符。

如果只进行真或假的判断，那么无论使用哪个运算符，执行结果都没有区别，但在对右操作数执行某些处理时，需要注意行为上的差异。

条件运算符示例代码如下：

```java
public class CondOprExam {
    public static void main(String[] args) {
        int a = 0;
        int b = 0;
        if ((!(a > 0)) && (!(b > 0))) {
            a = 10;
            b = 20;
        }
        if ((a > 15) ^ (b > 15)) {
            System.out.println("运算符 = 成立。");
        } else {
            System.out.println("运算符 = 不成立。");
        }
    }
}
```

4. 逻辑运算符

Java 语言中有 5 种逻辑运算符，它们是逻辑非（用符号"!"表示）、短路与（用符号"&&"表示）、逻辑与（用符号"&"表示）、短路或（用符号"||"表示）、逻辑或（用符号"|"表示）。

逻辑非表示取反。逻辑或的运算规则为：有一个运算数为真，其值为真；两个运算数都为假，其值为假。逻辑运算符的用法、含义及示例见表 1-4。

表 1-4　逻辑运算符的用法、含义及示例

逻辑运算符	用法	含义	说明	示例	结果
&&	x&&y	短路与	x、y 全为 true 时，计算结果为 true，否则为 false	2>1&&3<4	true
||	x||y	短路或	x、y 全为 false 时，计算结果为 false，否则为 true	2<1||3>4	false
!	!x	逻辑非	x 为 true 时，值为 false；x 为 false 时，值为 true	!(2>4)	true
|	x|y	逻辑或	x、y 全为 false 时，计算结果为 false，否则为 true	1>2|3>5	false
&	x&y	逻辑与	x、y 全为 true 时，计算结果为 true，否则为 false	1<2&3<5	true

5. 位运算符

Java 语言中有 7 种位运算符，分别是按位与（&）、按位或（|）、按位异或（^）、按位取反（~）、

算术左移（<<）、算术右移（>>）和无符号右移（>>>）。

这些运算符中，仅有"～"是单目运算符，其他运算符均为双目运算符。

位运算的特点如下：

- 对数值类型数据进行按位操作；1 表示 true，0 表示 false。
- 按位运算表示按每个二进制位（bit）进行计算，其操作数和运算结果都是整型值。
- 位运算符是对 long、int、short、byte 和 char 这 5 种类型的数据进行运算的，需要注意的是，不能对 double、float 和 boolean 进行位运算操作。

进行位运算时，需要把值先转换成二进制，再进行后续的处理。位运算符的含义与规则见表 1-5。

表 1-5 位运算符的含义与规则

位运算符	含义	规则
&	按位与	两位全为 1，则结果为 1，否则为 0
|	按位或	两位中有一个为 1，则结果为 1，否则为 0
^	按位异或	两位中一个为 1，一个为 0，则结果为 1，否则为 0
～	按位取反	0 变成 1，1 变成 0
<<	算术左移	符号位不变，低位补 0
>>	算术右移	低位溢出，符号位不变，并用符号位补溢出的高位
>>>	逻辑右移，也叫无符号右移	低位溢出，高位补 0

（1）按位与（&）。

```java
int a = -3, b = 4;
System.out.println(a & b);  //4
```

a 补码：11111111 11111111 11111111 11111101

b 补码：00000000 00000000 00000000 00000100

a&b 补码：00000000 00000000 00000000 00000100

（2）按位或（|）。

```java
int a = -3, b = 4;
System.out.println(a | b);  //-3
```

a 补码：11111111 11111111 11111111 11111101

b 补码：00000000 00000000 00000000 00000100

a|b 补码：11111111 11111111 11111111 11111101

a|b 反码：11111111 11111111 11111111 11111100，负数的反码等于补码 -1

a|b 原码：10000000 00000000 00000000 00000011，负数的原码等于，反码的符号位不变，其余位数字按位取反

（3）按位异或（^）。

```java
int a = -3, b = 4;
System.out.println(a ^ b);  //-7
```

a 原码：10000000 00000000 00000000 00000011，最高位表示符号位，负数为 1，正数为 0

a 反码：11111111 11111111 11111111 11111100，负数的反码等于，符号位不变，其余位数字按位取反

a 补码：11111111 11111111 11111111 11111101，负数的补码等于反码 +1，负数的反码等于补码 -1

b 补码：00000000 00000000 00000000 00000100，正数的原码、反码、补码都是它自己

a ^ b 补码：11111111 11111111 11111111 11111001，运算结果为补码，需要将结果通过以下操作转换为原码

① a ^ b 反码：11111111 11111111 11111111 11111000，负数的反码等于补码 -1

② a ^ b 原码：10000000 00000000 00000000 00000111，负数的原码等于，反码的符号位不变，其余位取反，得到的结果为 -7

（4）按位取反（~）。

```
int a = -3
System.out.println(~a);  //2
```

a 补码：11111111 11111111 11111111 11111101

~a 补码：00000000 0000000 00000000 00000010

~a 反码：00000000 0000000 00000000 00000010

~a 原码：00000000 0000000 00000000 00000010

（5）算术左移（<<）。

```
int a = -3;
System.out.println(a << 2); //-12
```

a 补码：11111111 11111111 11111111 11111101

a << 2 补码：11111111 11111111 11111111 11110100，低位不够补 0，高位溢出丢弃

a << 2 反码：11111111 11111111 11111111 11110011

a << 2 原码：10000000 00000000 00000000 00001100

（6）算术右移（>>）。

```
int a = -3;
System.out.println(a >> 2); //-1
```

a 补码：11111111 11111111 11111111 11111101

a >> 2 补码：11111111 11111111 11111111 11111111，低位溢出丢弃，高位补符号位

a >> 2 反码：11111111 11111111 11111111 11111110

a >> 2 原码：10000000 00000000 00000000 00000001

（7）无符号右移（>>>）。

```
int a = -3;
System.out.println(a >>> 2);  //1073741823
```

a 原码：10000000 00000000 00000000 00000011

a 反码：11111111 11111111 11111111 11111100

a 补码：11111111 11111111 11111111 11111101

a>>>2 补码：00111111 11111111 11111111 11111111，高位补 0（不考虑高位的符号位）

a>>>2 反码：00111111 11111111 11111111 11111111

a>>>2 原码：00111111 11111111 11111111 11111111

6. 运算符的优先级与结合性

在 Java 程序中，在对一些比较复杂的表达式进行运算时，要明确表达式中所有运算符参与运算的先后顺序，通常把这种顺序称为运算符的优先级。当存在多个运算符时，可以使用优先级来决定它们的顺序，从而控制表达式的执行顺序。Java 中运算符的优先级（由高到低）的一般顺序是：后缀运算符、前缀运算符、单目运算符、乘法和除法运算符、加法和减法运算符、移位运算符、比较运算符、相等运算符、位运算符、逻辑运算符、条件运算符、赋值运算符。需要注意的是，运算符的优先级并不是绝对的，可以通过使用圆括号"（ ）"来改变表达式的执行顺序，括号中的表达式首先被计算，然后再根据运算符的优先级来计算其他表达式。

在 Java 中，运算符的优先级是通过一个预定义的表格来确定的。表 1-6 列出了一些常见的运算符及其对应的优先级（从高到低）。

表 1-6　运算符的优先级与结合性

优先级	运算符说明	Java 运算符	结合性
1	括号	()、[]、{}	自左至右
2	正负号	+、-	自左至右
3	单目运算符	++、--、~、!	自左至右
4	乘法、除法、求余	*、/、%	自左至右
5	加法、减法	+、-	自左至右
6	移位运算符	<<、>>、>>>	自左至右
7	比较运算符	<、<=、>=、>、instanceof	自左至右
8	相等运算符	==、!=	自左至右
9	按位与、按位异或、按位或	&、^、|	自左至右
10	条件与、条件或	&&、||	自左至右
11	三目运算符	?:	自左至右
12	赋值运算符	=、+=、-=、*=、/=、%=	自左至右
13	位运算符	&=、|=、<<=、>>=、>>>=	自左至右

表 1-6 中，从上到下，自左至右，优先级由高到低。

1.6.2　表达式

在 Java 程序中，表达式是由运算符、操作数和分组符号组成的符号序列，用于计算或操作数据。操作数可以是变量，也可以是常量。

```
int a = 10;

a = a + 10;

// 上方两个都是表达式，其中 a 是变量，10是常量，都是操作数

//+ 和 = 都是运算符，其中+是算数运算符，= 是赋值运算符

// a = a + 10 是由两个表达式构成的

//第一个 a + 10是一个表述式，a=（a + 10的值）也是表达式
```

表达式的值：对表达式中的操作数进行运算而得到的结果。

表达式的类型：表达式的值的数据类型即为表达式的类型。

Java 表达式按照运算符的优先级从高到低的顺序进行运算，优先级相同的运算符按照事先约定的结合方向进行运算。需要注意的是，程序员在编写代码时，是不会去记运算符的优先级的，当不确定运算符的优先级时，程序员通常的做法就是对先运算的部分加上小括号，保证此运算优先执行。

任务总结

在 Java 中，常见的运算符包括算术运算符、比较运算符、条件运算符和逻辑运算符、位运算符等。表达式由操作数和运算符组成，对操作数进行操作，并得出运算结果。在表达式中，运算符有优先级，如果有多个运算符的优先级相同，那么它们的结合性决定了其执行顺序。除了赋值操作符是从右至左结合，大部分运算符都是从左至右结合。

任务思考

在 Java 中，"="与"=="的区别是什么？ ++x 与 x++ 运算的区别是什么？运算符的优先级由高到低的排列顺序是怎样的？ Java 中三目运算符的结构是什么？

任务 1.7　程序控制结构

任务描述

程序控制结构是指为实现某种功能或解决某个问题，定义的程序（或指令）执行序列。例如，定义农产品价格时，需要先计算农产品生产成本，再估算市场需求成本，还要考虑政策因素，经综合计算后确定最终定价。理论和实践证明，无论多复杂的算法均可通过顺序、选择、循环 3 种基本控制结构构造出来。每种结构仅有一个入口和一个出口。由这 3 种基本结构组成的多层嵌套程序称为结构化程序。

学习资源

if 分支语句

if-else 分支
语句

条件运算符

switch 语句

while 循环

do while 循环

for 循环

‖ Java 面向对象程序设计教程（微课版）

1.7.1 选择结构

1. if 语句

if 语句有以下 3 种语法形式。

（1）第一种形式为基本形式，其语法形式如下：

```
if(表达式){
    代码块
}
```

其语义是：如果表达式的值为 true，则执行其后的代码块，否则不执行该代码块。其执行过程如图 1-11 所示。

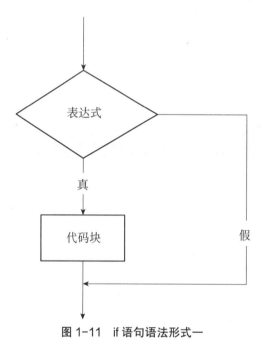

图 1-11　if 语句语法形式一

需要强调的是，在 if 语句中，表达式的类型必须是布尔型，例如可以写成 a == 3，但不要误写成 a = 3（赋值语句）。

（2）if 语句的第二种语法形式如下：

```
if(表达式){
    代码块 A
}else{

    代码块 B
}
```

其语义是：如果表达式的值为 true，则执行其后的代码块 A，否则执行代码块 B。其执行过程如图 1-12 所示。

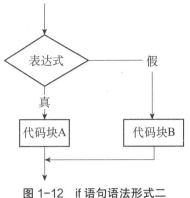

图 1-12　if 语句语法形式二

单分支的 if 语句程序设计示例如下:

```java
import java.util.Scanner;
class SelectiveStmt {
    public static void main(String[] args) {
        int price = -1;              // 苹果价格
        Scanner input = new Scanner(System.in);
        System.out.println("请输入你要购买的苹果价格（元 / 斤）:");
        price = input.nextInt();     // 从控制台获取苹果价格
        // 使用 if...else... 实现
        if(price >= 30)
        {
            System.out.println("你选择的是优质苹果，口感更好。");
        }else{
            System.out.println("你选择的是普通苹果。");
        }
    }
}
```

（3）if 语句的第三种语法形式如下:

```java
if( 表达式 1){
    代码块 A
}else if( 表达式 2){
    代码块 B
}else if( 表达式 3){
    代码块 C
...
}else{
    代码块 X
}
```

程序流程如图 1-13 所示。

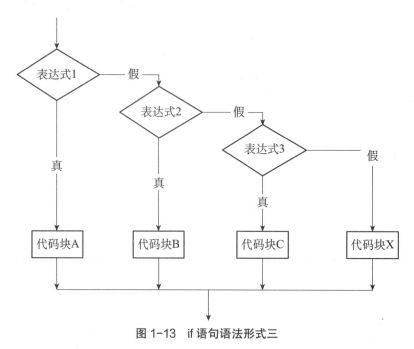

图 1-13　if 语句语法形式三

多分支的 if 语句程序设计示例如下：

```java
import java.util.Scanner;
class SelectiveStmt2 {
    public static void main(String[] args) {
        int diameter= -1;              //苹果的果径
        Scanner input = new Scanner(System.in);
        System.out.print("请输入红富士苹果的果径（mm）:");
        diameter = input.nextInt();    //从控制台输入苹果果径
        //使用if...else if...实现
        if(diameter >= 80)
        {
            System.out.println("一级红富士苹果。");
        }else if(diameter >=70){
            System.out.println("二级红富士苹果。");
        }else if(diameter >=65){
            System.out.println("三级红富士苹果。");
        }else{
            System.out.println("等外果。");
        }
    }
}
```

2. 嵌套的 if 语句

在 Java 语言中，嵌套的 if 语句是合法的，这意味着可以在一个 if 或 else if 语句内使用另一个 if 或

else if 语句。

语法如下：

```
if( 表达式 1){
    if( 表达式 2){
        代码块 A
    }else{
        代码块 B
    }
}else{
    代码块 C
}
```

程序流程如图 1-14 所示。

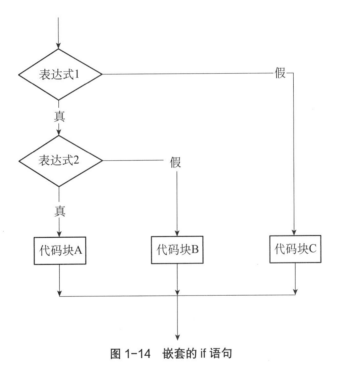

图 1-14　嵌套的 if 语句

下面使用嵌套的 if 语句遴选特级红富士苹果，程序代码如下：

```java
import java.util.Scanner;
class SelectiveNested
{
    public static void main(String[] args)
    {
        int diameter = -1;            // 苹果果径
        int colorRatio = 0;           // 苹果着色率
        Scanner input = new Scanner(System.in);
```

```
System.out.print("请输入红富士苹果着色率（%）:");
colorRatio = input.nextInt();          // 从控制台输入苹果着色率
// 使用嵌套的 if 语句实现
if(colorRatio >= 90)
{
    System.out.print("请输入所属红富士果径（mm）:");
    diameter = input.nextInt();          // 从控制台输入苹果果径
    if (diameter >=80)
    {
        System.out.println("特级红富士苹果。");
    }else{
        System.out.println("非特级红富士苹果。");
    }
}else{
    System.out.println("不符合特级红富士遴选标准。");
}
}
}
```

3. switch 语句

if...else 语句可以用来描述一个"双岔路口"，我们只能选择其中一条路来继续走，然而生活中经常会碰到"多岔路口"的情况。switch 语句提供了 if 语句的一个变通形式，可以从多个语句块中选择其中一个执行。

switch 语句的语法如下：

```
switch( 表达式 ){
    case  常量1:
        代码块A;
        break;
    case  常量2:
        代码块B;
        break;
    ...
    default:
        代码块X;
        break;
}
```

switch 关键字表示"开关"，其针对的是后面表达式的值。尤其需要注意的是，这个表达式的值只允许是 byte、short、int 和 char 类型（在 JDK 7.0 中表达式的值可以是 string 类型）。

case 后要跟一个与表达式类型相对应的常量。case 可以有多个，且顺序可以改变，但是每个 case 后面的常量值必须不同。当表达式的实际值与 case 后的常量相等时，其后的代码块就会被执行。

default 表示当表达式的实际值没有匹配到前面对应的任何 case 常量时，default 后面的默认代码块会被执行。default 通常放在末尾。

break 表示跳出当前循环结构，不能缺失。

编写一个 Java 程序，根据用户的选择，输出对应的畅销水果类型。在这里使用包含 break 的 switch 语句来判断当前的星期，示例代码如下：

```java
import java.util.Scanner;
...
public static void main(String[] args) {
    String fruitType ="";
    System.out.print("请输入畅销水果代码（1-5）:");
    int fruitNo = input.nextInt();         // 从控制台输入水果代码
    switch (fruitNo) {
        case 1:
            fruitType ="苹果类";
            break;
        case 2:
            fruitType ="梨类";
            break;
        case 3:
            fruitType ="柑橘类";
            break;
        case 4:
            fruitType ="蕉类";
            break;
        case 5:
            fruitType =" 葡萄类 ";
            break;
        default:
            fruitType ="葡萄类";
            break;
    }
    System.out.println("你选择的畅销水果是"+ fruitType);
}
```

1.7.2　循环结构

循环语句具有在条件满足的情况下，反复执行特定代码的功能。在 Java 语言中，循环语句分为几种类型：while 循环、do while 循环、for 循环等。

1. while 循环

while 循环的语法如下：

```
while( 循环条件 ){
    循环代码块
}
```

其语义是：如果循环条件的值为 true，则执行循环代码块，否则跳出循环。其执行过程如图 1-15 所示。

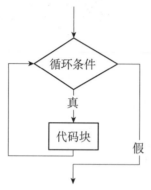

图 1-15   while 循环执行过程

while 循环示例如下：

```
import java.util.Scanner;
public class AverageNumExam {
  public static void main(String[] args) {
    Scanner in= new Scanner(System.in);
        int count = 0;
        int number = 0;
        int sum = 0;
        number = in.nextInt();
        while (number != -1)
        {
            sum += number;
            count += 1;
            number = in.nextInt();
        }
        System.out.println("平均数为"+(double)(sum/count));
    }
}
```

2. do while 循环

do while 循环的语法如下：

```
do{

    循环代码块

}while( 循环条件 );
```

在 Java 程序中，do while 循环和 while 循环很相似，区别在于 do while 循环会先执行一次循环体，再做判断，而 while 循环必须先判断，再决定是否执行循环体。如果循环条件不成立，do while 循环会执行一次循环体，while 循环一次都不会执行。

下面的示例是一个用户密码输入校验，如果用户输入密码正确，则执行后面的语句，否则让用户继续输入密码，直到输入正确为止。程序代码如下：

```java
import java.util.Scanner;
public class PasswordValid {
    public static void main(String[] args) {
        Scanner scanner = new Scanner(System.in);
        String correctPassword ="secret"; // 假设正确的密码是secret
        String inputPassword;
        do {
            System.out.print("请输入密码: ");
            inputPassword = scanner.nextLine();
            if (inputPassword.equals(correctPassword)) {
                System.out.println("密码正确!");
                break; // 如果密码正确,退出循环
            } else {
                System.out.println("密码错误，请重新输入。");
            }
        } while (true); // 无限循环,直到密码正确
        scanner.close();
    }
}
```

3. for 循环

在 Java 程序中，for 循环用于重复执行一段代码，直到指定的条件不再成立。

```
for( 表达式 1; 表达式 2; 表达式 3){
    循环代码块
}
```

for 语句中初始化、循环条件以及迭代部分都可以为空语句（但分号不能省略），三者均为空的时候，相当于一个无限循环。

（1）表达式 1 为空。当 for 语句中表达式 1 为空时，循环变量的初始化在 for 语句之前完成，for 语句括号内其他表达式执行的顺序不变。

（2）表达式 2 为空。当 for 语句中表达式 2 为空时，将没有循环的终止条件，相当于 while(1)。此时 for 语句会认为表达式 2 的值总是为真，循环会一直执行下去。因此，需要在语句块中使用 break 语句来跳出循环，否则将产生死循环。

（3）表达式 3 为空。当 for 语句中表达式 3 为空时，就没有了控制变量表达式，每次循环之后无法改变控制变量的值，也就无法保证循环正常结束。

for 循环的执行顺序如图 1-16 所示。

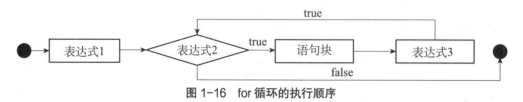

图 1-16　for 循环的执行顺序

下面使用 for 循环完成 20 行 ×20 列 "*" 图案，程序代码如下：

```java
class DisplayPatternExam {
    public static void main(String[] args)
    {
        int i;// 声明循环参数
        // 循环 20 次，每次输出 20 个 * 号
        for(i = 0; i < 20; i++ ){
            System.out.println("********************");
        }
    }
}
```

4. 双重 for 循环

前面的内容在介绍 if 语句的时候，提到了嵌套的 if 语句。同样，在 for 循环里，也可以嵌套 for 循环，如果只嵌套一次，就构成双重 for 循环。

在前面的示例中，需要在控制台输出 20 行×20 列 "*" 图案，采用 for 循环 20 次，每次输出 20 个 "*"。下面的例子用双重 for 循环在控制台输出 20 行 "*"，但每行 "*" 的个数与行的序数相同，程序代码如下：

```java
class DisplayPatternExam2 {
    public static void main(String[] args)
    {
        int i,j;                    // 声明循环参数
        for(i = 1;i <= 20;i++){     // 循环 20 次
            for(j = 1;j <= i;j++){     // 每次输出 i 个 *
                System.out.print("*");
            }
```

```
            System.out.println();
        }
    }
}
```

双重 for 循环的重点在于，内循环的循环条件往往和外循环的循环参数有关，例如本例中内循环的循环条件为 j <= i，其中 i 是外循环的循环参数。

下面使用双重 for 循环对整数数组中的元素进行冒泡排序，程序代码如下：

```java
public class BubbleSortExam {
    public static void main(String[] args) {
        int[] array = {5, 3, 8, 1, 7, 2, 9, 4, 6}; // 待排序的数组
        for (int i = 0; i < array.length - 1; i++) { // 外循环控制排序轮数
            for (int j = 0; j < array.length - 1 - i; j++) { // 内循环控制每轮比较次数
                if (array[j] > array[j + 1]) { // 如果发现顺序错误，则交换元素
                    int temp = array[j];
                    array[j] = array[j + 1];
                    array[j + 1] = temp;
                }
            }
        }
        // 输出排序后的数组
        for (int num : array) {
            System.out.print(num +"");
        }
    }
}
```

这段代码首先定义了一个包含随机整数的数组，然后通过双重 for 循环进行冒泡排序。外循环用于控制排序的轮数，内循环用于比较并交换元素。排序完成后，代码会遍历并打印出排序后的数组。

5. 跳转语句

在 switch 语句中，我们接触了 break 语句，其作用是跳出 switch 代码块，执行 switch 语句后面的代码。在循环中，还会用到 continue 和 return 语句，continue 语句的作用是跳出本次循环，继续执行下一次循环。return 语句是让程序从一部分跳转到另一部分。以上三个语句习惯上都称为跳转语句。

在循环体内，break 语句和 continue 语句的区别在于，使用 break 语句是跳出循环执行循环之后的语句，而使用 continue 语句是只终止本次循环而继续执行下一次循环。

任务总结

Java 程序控制结构分为选择结构和循环结构。使用选择结构时，要注意语法和判断条件。循环结构有四个要素，包括循环变量初始化、循环条件、循环操作、循环变量更新。三种循环结构的语

法、执行顺序和应用场景不同。分支结构与循环结构都可以嵌套使用。跳转结构会改变程序执行的流程。

任务思考

switch 语句中的条件表达式支持哪几种数据类型？在 switch 语句中如果没有 break 语句，程序如何执行？for(; ;) 语句的功能是什么？

素养之窗

为祖国雪"耻"的人："龙芯"之母黄令仪

黄令仪院士（1936—2023 年）生前是中国科学院微电子研究所退休干部，龙芯中科技术股份有限公司研究员，曾荣获中国科学院"杰出科技成就奖"。为了实现芯片的国产化，半个多世纪以来，从跟随"东方红一号"翱翔太空的"156 组件计算机"，到突破层层技术封锁的"013 大型通用计算机"项目，她殚精竭虑，全心沉浸于半导体事业。退休后，她回归一线，继续带领团队加入龙芯实验室，锻造"龙芯 1 号""龙芯 2 号"……她生前曾言：匍匐在地擦干祖国身上的耻辱。

单元实训

≫ 实训 1　开发环境的搭建与使用

实训要求：

任务 1　搭建 JDK 开发环境

（1）安装 JDK，配置 Java 环境变量；

（2）开发和调试 HelloWorld 应用程序。

任务 2　搭建 IDE 开发环境

（1）安装 Eclipse/IntelliJ IDEA；

（2）配置 IDE 开发环境；

（3）在 IDE 中新建项目，开发和调试 HelloWorld 应用程序。

≫ 实训 2　打印九九乘法表

实训要求：

任务　在 IDE 中开发九九乘法表

用双重循环实现一个九九乘法表。

≫ 拓展实训　开发环境的搭建与使用

实训要求： 使用 JDK 或 IDE 开发 Java 幸运抽奖应用程序。

幸运抽奖应用程序的实现思路：

（1）定义奖品列表和奖品对应的概率列表；

（2）生成一个随机数，根据随机数的大小判断中了哪个奖品；

（3）输出中奖结果。

1. Java 语言基础

了解 Java 语言的发展历程，了解 Java 语言的特点，理解 Java 应用程序的开发过程。

2. Java 程序结构

理解和掌握标识符和关键字的定义、基本数据类型与引用数据类型、基本数据类型转换、变量和常量的定义与使用、运算符和表达式的用法、程序控制流程的语法与用法。

3. 运算符与表达式的优先级

Java 表达式可能存在多个运算符，运算符之间存在优先级的关系，级别高的运算符先执行运算，级别低的运算符后执行运算。

4. 循环结构

while 是计算机的一种基本循环模式。程序当满足条件时进入循环，进入循环后，当条件不满足时，跳出循环。

do while 循环是 while 循环的变体。在检查 while() 条件是否为真之前，该循环首先会执行一次 do{} 之内的语句，然后在 while() 内检查条件是否为真，如果条件为真，就会重复 do while 这个循环，直至 while() 为假。

在循环结构中还会用到 continue 语句，continue 语句的主要作用是跳出当次循环，继续执行下一次循环。其中，break、continue 以及后面要学的 return 语句，都是让程序从一部分跳转到另一部分，习惯上都称为跳转语句。

5. 包装类

（1）Java 提供的包装类可以把基本类型包装为 class 类，从而可以通过面向对象的方式操作基本类型；

（2）整数和浮点数的包装类都继承自 Number 类；

（3）包装类提供了大量的实用方法和常量。

课后巩固

扫一扫，完成课后习题。

单元 1　课后习题

单元2　面向对象程序设计

在采用面向对象方法对农产品销售平台进行分析与设计的过程中，需要确定类，建立关联（两个或多个类间的相互依赖），确定属性，使用继承关系来细化类。在模块实现阶段，要实现类的封装、继承、重载、重写和多态，定义类和对象的访问权限，定义和实现接口、抽象类、最终类，也会使用到内部类来实现模块的功能。

学习目标

◆ 知识目标
- 理解和掌握Java类与对象的概念；
- 掌握封装、继承、多态的定义与使用方法；
- 掌握接口的定义与使用方法。

◆ 技能目标
- 能够定义类与创建对象；
- 会使用重载和多态；
- 会定义和使用接口。

◆ 素养目标
- 培养Java面向对象思维；
- 培养善于观察、勤于思考的习惯，提高分析和归纳问题的能力；
- 潜心钻研"卡脖子"技术，勇攀科研高峰。

知识导图

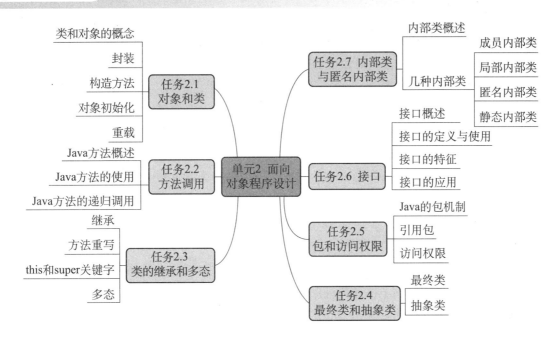

任务2.1 对象和类

任务描述

农产品（Farm Produce）是农业中生产的物品，如大米、高粱、花生、玉米、小麦以及各个地区的土特产等。农产品种类繁多，在农产品销售市场上，常见的农产品有水果、蔬菜、水产品、粮油米面等。要对农产品进行有效管理，需要在农产品分类的基础上，对每种农产品的属性和特点进行分析和定义。

学习资源

类的定义和　　类中成员变量　　　封装　　　　构造方法　　　方法重载
对象的创建　　的定义与使用

相关知识

2.1.1 类和对象的概念

面向对象方法（Object-oriented Method）是一种软件开发的方法，它利用抽象、封装、继承、多态、消息传递等概念来构建软件系统。这种方法认为，客观世界是由各种对象组成的，每个对象都有自己的属性和行为，不同对象之间的相互作用构成了客观世界的完整图景。面向对象方法强调系统分析和设计应围绕对象进行，使用特定的面向对象工具来建立系统。

Java 是一种面向对象的语言，Java 程序员需要从现实世界中客观存在的事物出发来构造软件系统，这是面向对象设计思想的核心。面向对象更加强调运用人类在日常思维逻辑中采用的思维方法与原则，如抽象、分类、继承、聚合、多态。

什么是对象呢？对象是现实世界中的实体，如一座城市、一个农场、一辆轿车、一个订单、一个苹果等，这些都是对象。乡村振兴计划、"一带一路"倡议也可以看作对象。

在 Java 中，对象具有属性和方法，方法用来描述对象的行为。例如，水果具有类型、品种、品名、产地、品质等属性，农场具有行政区划、位置、面积、法人等属性。水果具有显示品种信息、显示追溯信息、储运管理等行为，农场具有显示农场信息、运营管理、生产管理等行为，这些行为称为方法。

什么是类呢？类是对具有相同属性和行为的对象的抽象。例如，我们关注到最畅销的几款水果——香蕉、西瓜、苹果、橙子、葡萄，它们都是对象，通过对这些水果品种（不限于前面提到的 5 款）进行抽象形成了水果的概念。在计算机世界里，水果就是类。通过水果类，我们还可以生成一些具体对象，这个过程通常也称为实例化，如图 2-1 所示。

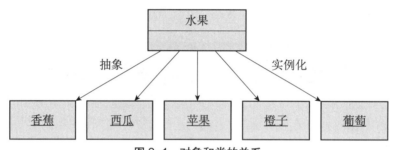

图 2-1　对象和类的关系

通过对香蕉、西瓜、苹果、橙子、葡萄这些对象的观察和分析，可以抽象出水果这个类具有的属性，包括品种、品名、颜色、重量、单价、品质等级等，方法包括显示种植、生长、采摘、加工、保存、订购等，如图 2-2 所示。

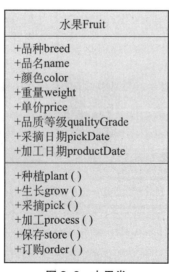

图 2-2　水果类

1. Java 类的定义

在 Java 程序中定义一个类，需要使用关键字 class，后面是用户自定义类名。类名通常以大写字母开头，遵循驼峰命名法。类定义以花括号 {} 包围，里面可以定义方法和变量（也称为字段或属性）。

下面是类定义的语法形式：

```
public class 类名 {
    // 定义类属性
    属性 1 类型：属性 1 名；
    属性 2 类型：属性 2 名；
    ...
    // 定义方法
    方法 1 定义
    方法 2 定义
    ...
}
```

在 Java 中，class 是用来定义类的关键字，class 关键字后面是要定义的类的名称，然后有一对大括号，大括号里写的是类的主要内容。

类的结构分两部分：第一部分是类的属性定义，在前面的内容中学习过，在类内部、方法外部定义的变量称为成员变量，这里类的属性就是类的成员变量，这两个概念是相同的；第二部分是类的方法定义，通过方法的定义，描述类具有的行为，这些方法也可以称为成员方法。

接下来通过定义水果类，熟悉 Java 类定义的写法，具体代码如下所示：

```
public class Fruit
{
    String breed;              // 品种
    String name;               // 品名
    String color;              // 颜色
    float weight;              // 重量
    float price;               // 单价
    int qualityGrade;          // 品质等级
    Date pickDate;             // 采摘日期
    Date productDate;          // 加工日期
    // 定义采摘方法，在控制台直接输出
    public void pick()
    {
        System.out.println(name +"采摘日期："+pickDate);
    }
    // 定义加工方法，输入时间，返回字符串
    public String process()
    {
```

```
        return name +"加工日期"+productDate;
    }
}
```

需要注意的是，这个类里面没有 main() 方法，所以只能编译，不能运行。

2. Java 对象的创建和使用

定义好 Fruit 类后，就可以根据这个类创建（实例化）对象了。类就相当于一个模板，可以创建多个对象。创建对象的语法格式如下：

```
类名 对象名 = new 类名();
```

创建 apple 对象的代码如下：

```
Fruit apple = new Fruit();
```

这里只创建了 apple 这个对象，并没有对这个对象的属性赋值，考虑到每个对象的属性值不一样，所以通常在创建对象后给对象的属性赋值。在 Java 语言中，通过 "." 操作符来引用对象的属性和方法，具体的语法格式如下：

```
对象名.属性;
对象名.方法;
```

通过上面的语法格式，可以给对象的属性赋值，也可以更改对象属性的值或者调用对象的方法。具体的代码如下：

```
apple.name ="苹果";
apple.color ="红色";                      // 水果颜色
SimpleDateFormat sdf = new SimpleDateFormat("yyyy-MM-dd");
apple.pickDate = sdf.parse("2024-04-01");
apple.qualityGrade = 2;                  //2 代表二级果
apple.pick();                            // 调用水果的采摘方法
String productTime=apple.process();   // 调用水果的加工方法
// 该方法返回一个 String 类型的字符串
```

接下来通过创建一个测试类 FruitExam 来测试 Fruit 类的创建和使用，具体代码如下所示：

```
import java.text.SimpleDateFormat;
import java.util.Date;
public class FruitExam
{
    public static void main(String[] args) throws Exception
    {
        Fruit apple = new Fruit();  // 创建水果类对象
        apple.name ="苹果";
```

```
        apple.color ="红色";                        // 水果颜色
        SimpleDateFormat sdf = new SimpleDateFormat("yyyy-MM-dd");
        apple.pickDate = sdf.parse("2024-04-01");
        apple.qualityGrade = 2;                    //2代表二级果
        apple.pick();                              // 调用水果的采摘方法
        // 调用水果的加工方法
        String productDate = apple.process();
        System.out.println(productDate);
    }
}
```

注意： 由于要进行日期格式转换，因此 main() 带了抛出异常选项。

以上程序中包含两个类，其中 FruitExam 类是测试类，测试类中包含入口方法 main()，在 main() 方法内，创建 Fruit 类的对象并给对象属性赋值，然后调用对象的方法。

这个程序用到两个 Java 文件，每个 Java 文件中编写了一个 Java 类，编译完成后形成 2 个 class 文件。也可以将两个 Java 类写在一个 Java 文件里，但其中只能有一个类用 public 修饰，并且这个 Java 文件的名称必须用这个 public 类的类名命名。具体代码如下：

```
import java.text.SimpleDateFormat;
import java.util.Date;
public class FruitExam2
{
    public static void main(String[] args) throws Exception
    {
        Fruit apple = new Fruit();  // 创建水果类对象
        apple.name ="苹果";
        apple.color ="红色";                        // 水果颜色
        SimpleDateFormat sdf = new SimpleDateFormat("yyyy-MM-dd");
        apple.pickDate = sdf.parse("2024-04-01");
        apple.qualityGrade = 2;                    //2代表二级果
        apple.pick();                              // 调用水果的采摘方法
        // 调用水果的加工方法
        String productTime = apple.process();
        System.out.println(productTime);
    }
}
class Fruit                 // 不能使用public修饰
{
    String breed;          // 品种
    String name;           // 品名
```

```
    String color;              // 颜色
    float weight;              // 重量
    float price;               // 单价
    int qualityGrade;          // 品质等级
    Date pickDate;             // 采摘日期
    Date productDate;          // 加工日期
    // 定义采摘方法，在控制台直接输出
    public void pick()
    {
        System.out.println(name +"采摘日期："+pickDate);
    }
    // 定义加工方法，输入时间，返回字符串
    public String process()
    {
        return name +"加工日期："+productDate;
    }
}
```

在前面例子中，对对象的属性都是先赋值再使用，如果没有赋值就直接使用对象的属性，会有什么样的结果呢？

下面将 Fruit 测试类的代码修改成如下形式：

```
import java.text.SimpleDateFormat;
import java.util.Date;
public class FruitExam3
{
    public static void main(String[] args)
    {
        Fruit apple = new Fruit();             // 创建水果类对象
        System.out.println("未赋值前的水果品名为："+ apple.name);
        System.out.println("未赋值前的水果颜色为："+ apple.color);
        System.out.println("未赋值前的水果采摘日期为："+ apple.pickDate);
        System.out.println("未赋值前的水果品质等级为："+ apple.qualityGrade);
        // 给对象的属性赋值
        apple.name ="苹果";
        apple.color ="红色";                     // 水果颜色
        SimpleDateFormat sdf = new SimpleDateFormat("yyyy-MM-dd");
        apple.pickDate = sdf.parse("2024-04-01");
        apple.qualityGrade = 2;                  //2代表二级果
        System.out.println("赋值后的水果品名为："+ apple.name);
```

```
        System.out.println("赋值后的水果颜色为:"+ apple.color);
        System.out.println("赋值后的水果采摘日期为:"+ apple.pickDate);
        System.out.println("赋值后的水果品质等级为:"+ apple.qualityGrade);
    }
}
```

程序运行结果如下所示:

```
未赋值前的水果品名为: null
未赋值前的水果颜色为: null
未赋值前的水果采摘日期为: null
未赋值前的水果品质等级为: 0
赋值后的水果品名为: 苹果
赋值后的水果颜色为: 红色
赋值后的水果采摘日期为: Fri Apr 01 00:00:00 CST 2024
赋值后的水果品质等级为: 2
```

从上述程序运行结果可以看出,在未给对象属性赋值前使用属性时,如果该属性为引用数据类型,则其初始默认值为 null,如果该属性是 int 型,则其初始默认值为 0。

2.1.2　封装

封装(Encapsulation)是面向对象方法的重要原则,就是把对象的属性和操作(或服务)结合为一个独立的整体,并尽可能隐藏对象的内部实现细节。

封装的目的是增强安全性和简化编程,使用者不必了解具体类的内部实现细节,而只是通过提供给外部访问的方法来有限制地访问类需要隐藏的属性和方法。

以水果类为例,在前面的 FruitExam.java 程序中,水果颜色赋值以后,其他对象可以通过"水果对象名 .color = "红色""语句来重新赋值。如果不让用户修改水果颜色的值,那么怎么做呢?可以采用封装的形式,用 private(私有的)关键字来修饰 color 变量,其作用是把 color 变量封装在类的内部,只有类的成员才可以访问该变量,从而保证这个变量不能被其他类的对象修改。为了在类之外访问这个变量,该类还应该提供一个 public(公有的)方法,其他对象可以通过该公有方法访问私有变量。

正确的封装规则是:使用 private 对属性进行封装,使用 public setter 和 getter 方法对私有属性进行操作,外界可以通过调用 public getter 方法访问私有属性。下面按照正确的封装要求重新编写 Fruit 类,其代码如下:

```
public class Fruit
{
    private String name;            // 水果品名,私有属性
    private String color;           // 水果颜色,私有属性
    private Date pickDate;          // 水果采摘日期,私有属性
    private int qualityGrade;       // 水果品质等级,私有属性
    private Date productDate;        // 水果加工日期,私有属性
```

```
public String getName(){              // 公有方法获得水果品名
// 这里的 this 表示本对象
    return this.name;                 // 返回该类的私有属性 name
}
// 公有方法设置水果品名，参数为要设置的水果品名
public void setName(String name){
    this.name = name;
}
public Date getPickDate(){                    // 公有方法获得水果采摘日期
    return this.pickDate;
}
// 公有方法设置水果采摘日期，参数为要设置的水果采摘日期
public void setPickDate(Date pickDate){
    this.pickDate = pickDate;
}
public String getColor(){                     // 公有方法获得水果颜色
    return this.color;
}
// 公有方法设置水果颜色，参数为要设置的水果颜色
public void setColor(String color){
    this.color = color;
}
public int getQualityGrade(){                 // 公有方法获得水果品质等级
    return this.qualityGrade;
}
// 公有方法设置水果品质等级，参数为要设置的水果品质等级
public void setQualityGrade(int qualityGrade){
    this.qualityGrade = qualityGrade;
}
// 定义水果的采摘方法，在控制台直接输出
public void pick()
{
    System.out.println(name +"采摘日期为:"+pickDate);
}
// 定义水果的加工方法，返回字符串
public String process()
{
    return name +"的加工日期为:"+productDate;
}
```

```
    }
```

如果继续使用下面的代码创建 Fruit 对象并给对象属性赋值，则不会编译通过，原因是不能在类外给类的私有属性赋值。

```java
public class FruitExam4
{
    public static void main(String[] args) throws Exception
    {
        Fruit apple = new Fruit(); //创建水果类对象
        apple.name ="苹果";                // 不能给私有属性 name 赋值
        apple.color ="红色";                    // 不能给私有属性 color 赋值
        SimpleDateFormat sdf = new SimpleDateFormat("yyyy-MM-dd");
        // 不能给私有属性 pickDate 赋值
        apple.pickDate = sdf.parse("2024-04-01");
        apple.qualityGrade = 2;          // 不能给私有属性 qualityGrade 赋值
        apple.pick();            // 可以调用公有方法 pick()
        String productTime = apple.process();// 可以调用公有方法 process()
        System.out.println(productTime);
    }
}
```

正确的代码如下：

```java
public class FruitExam5
{
    public static void main(String[] args) throws Exception
    {
        Fruit apple = new Fruit();                // 创建水果类对象
        apple.setName("苹果");              // 调用公有方法给 name 赋值
        SimpleDateFormat sdf = new SimpleDateFormat("yyyy-MM-dd");
        Date pickTime=sdf.parse("2024-04-01");
        apple.setPickDate(pickTime);          // 调用公有方法给 pickDate 赋值
        apple.setColor(" 红色 ");              // 调用公有方法给 color 赋值
        apple.setQualityGrade(2);              // 调用公有方法给 qualityGrade 赋值
        apple.pick();                    // 调用公有方法 pick()
        String productTime = apple.process();      // 调用公有方法 process()
        System.out.println(productTime);
    }
}
```

2.1.3 构造方法

1. 构造方法的作用

在前面的例子中，Fruit apple=new Fruit()，便使用到了构造方法。构造方法用来在创建对象时初始化对象，即为对象成员变量赋初始值，总与 new 运算符一起使用在创建对象的语句中。例如，需要在初始化对象时将 qualityGrade 的值设为 2，就可以通过构造函数实现：

```java
public class Fruit
{
    private String name;
    private String color;
    private Date pickDate;
    private int qualityGrade;
    // 构造方法，用户初始化对象的成员变量
    public Fruit(String name,String color,Date pickDate, int qualityGrade){
    this.name = name;
    this.color = color;
    this.pickDate = pickDate;
    this.qualityGrade = qualityGrade;
    }


    // 省略了 Fruit 类中的其他方法
}
```

测试类 FruitExam6 的代码如下：

```java
public class FruitExam6
{
    public static void main(String[] args)  throws Exception
    {
        SimpleDateFormat sdf = new SimpleDateFormat("yyyy-MM-dd");
        Date pickTime=sdf.parse("2024-04-01");
        // 使用带参的构造方法，创建 Fruit 类对象并初始化对象
        Fruit apple = new Fruit("苹果","红色",pickTime,2);
        apple.pick();
        String productTime = apple.process();
        System.out.println(productTime);
    }
}
```

从上面的例子中可以看出，构造方法是一种比较特殊的方法，可以完成对象的创建及初始化，为对象的属性赋初值。

2. 构造方法的使用

构造方法（也称为构造函数）是一种特殊的方法，它具有以下特点：

（1）构造方法的方法名必须与类名相同。

（2）构造方法没有返回类型，也不能定义为 void，在方法名前不声明返回类型。

其实构造方法是有返回值的，返回的是刚刚被初始化的当前对象的引用。

构造方法的主要作用是完成对象的初始化工作，它能够把定义对象时的参数传给对象。一个类可以定义多个构造方法，根据参数的个数、类型或排列顺序来区分不同的构造方法。

```java
public class Fruit
{
    private String name;
    private String color;
    private Date pickDate;
    private int qualityGrade;

    // 构造方法，用户初始化对象的属性
    public Fruit(String name,String color,Date pickDate,int qualityGrade){
        this.name = name;
        this.color = color;
        this.pickDate = pickDate;
        this.qualityGrade = qualityGrade;
    }
    // 构造方法，用户初始化对象的属性（品质等级默认为 2）
    public Fruit(String name,String color,Date pickDate){
        this.name = name;
        this.color = color;
        this.pickDate = pickDate;
        this.qualityGrade = 2;
    }
    // 构造方法，用户初始化对象的属性
    // 设置默认采摘日期为 "2024-04-01"，品质等级默认为 2
    public Fruit(String name,String color){
        this.name = name;
        this.color = color;
        SimpleDateFormat sdf = new SimpleDateFormat("yyyy-MM-dd");
        this.pickDate = sdf.parse("2024-04-01");
        this.qualityGrade = 2;
    }
    // 省略了 Fruit 类中的其他方法
}
```

新建测试类 FruitExam7，其代码如下：

```
public class FruitExam7
{
    public static void main(String[] args)  throws Exception
    {
        SimpleDateFormat sdf = new SimpleDateFormat("yyyy-MM-dd");
        // 使用不同参数列表的构造方法，创建 apple、peach、pear 三个水果类对象
        Date pickTime = sdf.parse("2024-04-01");
        Fruit apple = new Fruit("苹果","红色",pickTime,2);
        pickTime = sdf.parse("2024-03-12");
        Fruit peach = new Fruit("桃","粉红色",pickTime);
        Fruit pear = new Fruit("梨","黄绿色");
        apple.pick();
        String productTime = apple.process();
        System.out.println(productTime);
        peach.pick();                          // 调用 peach 对象的 pick() 方法
        // 调用 peach 对象的 getName() 和 getQualityGrade() 方法获得属性值
        System.out.println(peach.getName() +"是"+ peach.getQualityGrade() + "级水果。");
        // 调用 pear 对象的 process() 方法
        System.out.println(pear.process());
    }
}
```

如果在定义类时没有定义构造方法，则编译系统会自动插入一个无参的默认构造方法，这个构造方法不执行任何代码。如果在定义类时定义了有参的构造方法，没有显式地定义无参的构造方法，那么在使用构造方法创建类对象时，不能使用默认的无参构造方法。

例如，在 FruitExam7 程序的 main() 方法内添加一行语句：Fruit banana = new Fruit();，编译器会报错，提示没有找到无参构造方法。

2.1.4　对象初始化

通过前面的学习，我们了解到类中的成员变量（又叫实例变量）初始化包括以下三种情况：
（1）创建对象时默认初始化成员变量。
（2）定义类时，给成员变量赋初值。
（3）调用构造方法时，使用构造方法所带的参数初始化成员变量。
对象的初始化过程如下：
（1）设置成员变量的值为默认的初始值（0，false，null）；
（2）调用类的构造方法（还没有执行构造方法体）；
（3）调用父类的构造方法；
（4）使用实例代码块初始化；
（5）执行构造方法体。

1. 实例代码块初始化

定义在类中的代码块，叫实例代码块（或构造代码块），通常用于初始化实例成员变量。语法格式如下：

```
{
    代码块
}
```

使用实例代码块初始化成员变量的顺序是，在默认初始化成员变量以及成员变量声明赋值之后，在使用构造方法初始化之前。请看下面的代码：

```java
public class Fruit
{
    private String name ="";
    private String color ="";
    private Date pickDate;
    private int qualityGrade =-1;
    // 使用实例代码块初始化
    {
        SimpleDateFormat sdf = new SimpleDateFormat("yyyy-MM-dd");
        System.out.println("使用实例代码块初始化");
        this.name ="苹果";
        this.color ="红色";
        Date pickTime=sdf.parse("2024-04-01");
        this.pickDate = pickTime;
        this.qualityGrade = 2;
    }

    // 无参构造方法
    public Fruit(){
        System.out.println("使用无参构造函数初始化");
    }
    // 构造方法，用于用户初始化对象的成员变量
    public Fruit(String name,String color,Date pickDate,int qualityGrade){
        System.out.println("使用有参构造函数初始化");
        this.name = name;
        this.color = color;
        this.pickDate =pickDate;
        this.qualityGrade = qualityGrade;
    }
    // 省略了 Fruit 类中的其他方法
```

```
    }
```

新建测试类 FruitExam8，其代码如下：

```
public class FruitExam8
{
    public static void main(String[] args)   throws Exception
    {
        Fruit banana = new Fruit();
        System.out.println(banana.getName() + "是"+ banana.getQualityGrade()+
"级水果。");

        SimpleDateFormat sdf = new SimpleDateFormat("yyyy-MM-dd");
        // 构造方法初始化成员变量在实例代码块初始化之后
        Date pickTime=sdf.parse("2024-04-01");
        Fruit peach = new Fruit("桃","粉红",pickTime,2);
        System.out.println(peach.getName() + "是"+ peach.getQualityGrade() + "级水果。");
    }
}
```

2. 构造方法初始化

成员变量初始化与实例代码块初始化发生在构造方法初始化之前，Java 要求在实例化类之前，必须先实例化其超类，以保证所创建实例的完整性。下面的代码展示了对象创建与构造方法初始化的过程：

```
public class Fruit {
    public Fruit() {
        System.out.println("Fruit.Fruit() is called.");
    }
}


public class Apple extends Fruit {
    public Apple() {
        System.out.println("Apple.Appple() is called.");
    }
    int i=f();
    int j;
    {
        j=37;
        System.out.println("Initializtion block is executed.");
    }
```

```
    private int f() {
        System.out.println("Apple.f() is called.");
        return 47;
    }
}

public class FruitExam9 {
    public static void main(String[] args) {
        Apple apple=new Apple();
    }
}
```

运行结果如下：

```
Fruit.Fruit() is called.
Apple.f() is called.
Initializtion block is executed.
Apple.Apple() is called.
```

Apple 的构造方法被调用时，首先隐性调用父类的构造方法，然后 Apple 对象的成员变量被初始化，包括对 Apple.f() 的调用和初始块的执行，最后，Apple 的构造方法体被执行。

2.1.5　重载

1. 重载的定义

Java 方法的重载（Overloading）指的是在同一个类中，方法名相同但参数列表不同的多个方法。其中，参数列表不同包括以下 3 种情形：

（1）参数的数量不同。

（2）参数的类型不同。

（3）参数的顺序不同。

必须注意的是，仅返回值不同的方法不叫重载方法。

重载是指在一个类中定义多种方法名相同但参数列表不同的方法。编译器会根据传递给方法的参数类型、数量和顺序来确定调用哪种方法。重载可以提供更灵活和多样化的方法，使得我们可以使用相同的方法名执行不同的操作。例如，Java 中的 System.out.print() 方法就有多个不同版本的重载，可以接受不同类型的数据作为参数。

在之前介绍一个类可以定义多个构造方法的时候，我们已经对构造方法进行了重载，接下来通过案例学习普通方法的重载。

2. 重载的使用

下面的程序是利用重载求两种水果价格中最高的值：

```
public class HighestPrice  {
```

```java
        // 输出较大的那个整数
        public int max(int a, int b) {
                // 采用三目运算符进行简化判断
                return a >= b ? a : b;
        }
        // 输出较大的那个单精度数
        public float max(float a, float b) {
                // 采用三目运算符进行简化判断
                return a >= b ? a : b;
        }
        // 输出较大的那个双精度数
        public double max(double a, double b) {
                // 采用三目运算符进行简化判断
                return a >= b ? a : b;
        }
        //定义一个私有的方法，该方法的两个参数类型不同，这同样也属于方法重载。
        private double max(double a, int b) {
                // 采用三目运算符进行简化判断
                return a >= b ? a : b;
        }

        public static void main(String[] args) {
                        HighestPrice hp=new HighestPrice ();
                        int max1 = hp.max(10, 20);
                        System.out.println("较大的整数是:"+max1);
                        float max2 = mv.max(20.0f, 39.8f);
                        System.out.println("较大的单精度数是:"+max2);
                        double max3 = mv.max(22.88, 10.88);
                        System.out.println("较大的双精度数是:"+max3);
                        double max4 = mv.max(44.88, 5);
                        System.out.println("较大的双精度数是:"+max4);
        }
}
```

　　我们会注意到在一些重载方法的方法体内，调用了其他重载方法。这种情况在类重载方法的使用上非常普遍，有利于代码的重用和维护。

任务总结

　　类是对现实生活中一类具有共同属性和行为的事物的抽象，类是对象的数据类型，类是具有相同属性和行为的一组对象的集合。类具有属性和方法。将类的信息在内部隐藏起来，外部程序不能直接访问。外部程序需要通过该类提供的 getXxx()/setXxx() 方法，才能访问 private 成员变量。通过调用类的构造方法，我们可以将类实例化成对象。在 Java 中，方法重载允许一个方法接受不同数据类型或数量的参数，从而具有更多的功能选择。

任务思考

类与对象的区别与联系是什么？既然构造方法返回被初始化对象的引用，为什么不写返回值类型呢？属性前可以带 static 关键字吗？类成员与对象成员如何定义？

任务 2.2　方法调用

任务描述

在农产品销售平台中，定义了大量的类，这些类都有方法，通过调用类的方法，能够实现数据存储、查询、计算等功能。

学习资源

类中方法的
定义与使用

相关知识

2.2.1　Java 方法概述

Java 类的方法是用于定义对象的行为和操作的函数。在 Java 中，方法包含一系列语句和算法，用于执行特定的任务。用户可以通过调用方法来操作对象、访问字段或返回特定的结果。方法是类中的核心组成部分，用于封装可重用的代码块。

Java 方法声明的语法格式如下：

```
[修饰符]　返回值类型　方法名（[形参列表]）{
    方法体
}
```

其中，大括号前面的内容称为方法头，大括号里面的内容称为方法体。下面具体介绍 Java 方法声明中的各元素：

（1）修饰符：用来规定方法的一些特征，如它的可见范围以及如何被调用。例如，我们一直在使用的 main() 方法，其中的 public static 就是修饰符，public 表示这个方法的可见范围，而 static 表示 main() 方法是一个静态方法，后面会详细介绍这些内容。

（2）返回值类型：表示该方法返回什么类型的值。方法可以没有返回值，这时需要用 void 表示返回值类型。不过一旦一个方法需要返回值，方法体里就必须使用 return 语句返回此类型的值。举例如下：

```java
public void drawCircular(){...}          // 该方法没有返回值
public int absoluteInt(){                    // 该方法返回值为 int 类型
    int x = 10;
    ...
    return x;
}
```

这里需要强调的是，return 也是一种跳转语句，和前面学过的 break 语句和 continue 语句一样，不同点在于方法执行到 return 语句后，会返回给主调方法。

此外，一个方法只能有一个返回值，因此也只能有一个返回值类型。如果逻辑上确实需要返回多个值，则可以将需要返回的"多个值"先转为一个数组或一个对象，然后再返回转变后的这"一个值"。数组和对象后续会进行学习，届时可以再深入思考。

（3）方法名：必须符合标识符的命名规则，并且能够望文知义，前面在介绍标识符时详细介绍过。

（4）形参列表：参数用来接收外界传来的信息，可以是一个或多个，也可以没有参数，但无论是否有参数，必须有小括号。方法中的这些参数称为形式参数，简称形参。形参必须说明数据类型，举例如下：

```java
public int add(int num1, int num2) {
    int sum = num1 + num2;
    return sum;
}
```

这个方法中有两个形参，都是 int 型的，返回值也是 int 型。

需要注意的是，如果声明了多个方法，则这些方法之间不能相互嵌套。下面的代码中，定义了两个方法 methodA()、methodB()，但出现了方法定义的嵌套，methodB() 会被编译解读为普通函数，而不是类的方法。

```java
public void methodA(){
    ...
    public void methodB(){
    ...
    }
}
```

下面是一个定义了多个方法的类的示例：

```java
public class Calculator {
    public int add(int num1, int num2) {
```

```java
    int sum = num1 + num2;
    return sum;
}


public int subtract(int num1, int num2) {
    int difference = num1 - num2;
    return difference;
}


public int multiply(int num1, int num2) {
    int product = num1 * num2;
    return product;
}


public double divide(double num1, double num2) {
    if (num2 == 0) {
        System.out.println("除数不能为零!");
        return 0.0; // 避免除以零的错误
    }
    double quotient = num1 / num2;
    return quotient;
}


public static void main(String[] args) {
    Calculator calculator = new Calculator();
    // 调用加法方法
    int sumResult = calculator.add(5, 3);
    System.out.println("5 + 3 ="+ sumResult);

    // 调用减法方法
    int subtractResult = calculator.subtract(10, 4);
    System.out.println("10 - 4 ="+ subtractResult);

    // 调用乘法方法
    int multiplyResult = calculator.multiply(7, 6);
    System.out.println("7 * 6 ="+ multiplyResult);

    // 调用除法方法
    double divideResult = calculator.divide(8.0, 2.0);
```

```
        System.out.println("8.0 / 2.0 ="+ divideResult);
    }
}
```

JDK 也提供了很多方法。例如，System.out.println() 为用户向控制台输出方法，nextInt() 方法（Scanner 类）为从控制台获取用户输入的整数方法，Math.sqrt(i) 为求 i 的平方根方法等。要了解更多信息，请读者查阅 JDK API 文档。

2.2.2　Java 方法的使用

按照结构化程序设计思想组织一个功能菜单型程序结构时，可以使用 while 循环，其中所有的代码都写在 main() 方法里。也可以使用方法调用的方式组织程序结构，完成相同的功能。

该功能菜单型程序用于进行农产品交易，包含如下方法：

（1）public static int showMenu(){…}：该方法显示程序主界面，返回用户输入的功能菜单数。

（2）public static void riceNoodlesTrade(){…}：该方法执行模块 1，进入米面交易。

（3）public static void grainOilTrade (){…}：该方法执行模块 2，进入粮油交易。

（4）public static void main(String[] args)：程序入口方法，使用 while 循环输出主界面，调用 showMenu() 方法获得用户输入，根据用户输入值使用 switch 语句，分别调用 riceNoodlesTrade() 和 grainOilTrade () 方法。另外，原来的 option 是 main() 方法中的局部变量，现在需要改为成员变量，由多个方法共享。具体代码如下所示：

```
import java.util.Scanner;
class GiftPackage
{
    // 原来的option是main()方法中的局部变量，现在需要改为成员变量，由多个方法共享
    static int option = -1;
    public static void main(String[] args)
    {
        while(true){
            option = showMenu();    // 调用 showMenu() 方法获得用户输入
            switch(option){
                case 1:
                    riceNoodlesTrade();    // 调用 riceNoodlesTrade () 方法
                    break;
                case 2:
                    grainOilTrade ();  // 调用 grainOilTrade () 方法
                    break;
                case 3:
                    System.out.println("结束程序!");
                    break;
                default:
```

```
                System.out.println("输入数据不正确!");
                break;
        }
        if (option == 3)   // 当用户输入 3 时,退出 while 循环,结束程序
        {
            break;
        }
    }
}


// 该方法显示程序主界面,返回用户输入的功能菜单数

public static int showMenu()
{
    System.out.println("1. 进入米面交易 ");
    System.out.println("2. 进入粮油交易 ");
    System.out.println("3. 退出程序 ");
    System.out.print("请选择你的输入 ( 只能输入 1、2、3)!");
    Scanner input = new Scanner(System.in);// 从控制台获取用户输入的选择
    num = input.nextInt();
    return num;
}
// 该方法执行模块 1,进入米面交易
public static void riceNoodlesTrade ()
{
    System.out.println("执行 1. 米面交易模块");
    System.out.println("*******************");
    System.out.println("*******************");
}


// 该方法执行模块 2,进入粮油交易
public static void grainOilTrade()
{
    System.out.println("执行 2. 粮油交易模块");
    System.out.println("*******************");
    System.out.println("*******************");
}
}
```

2.2.3　Java 方法的递归调用

　　递归调用是指一个方法在它的方法体内调用它自身。Java 语言允许方法的递归调用，在递归调用中，主调方法同时也是被调方法。执行递归方法将反复调用其自身，每调用一次就再进入一次本方法。

　　递归调用最大的问题是，如果递归调用没有退出的条件，则递归方法将无休止地调用其自身，这显然是不正确的。为了防止递归调用无休止地进行，必须在方法体内有终止递归调用的手段。通常的做法就是增加条件判断，满足某个条件后就不再进行递归调用，然后逐层返回。

　　接下来使用递归调用计算斐波那契数列，具体代码如下：

```java
public class Fibonacci
{
    public static void main(String[] args) {
        System.out.println(fibonacci (5));
    }
    //求 n 的阶乘的方法
    static long fibonacci (int n) {
            if(n<=1) {       //判断条件，一旦满足就不再递归，逐层返回
                return 1;
            } else {
            return fibonacci (n - 1)+ fibonacci (n - 2);    //递归调用
            }
    }
}
```

　　递归的优点是代码简洁且易于理解，缺点是时间和空间的消耗比较大，可能产生重复计算以及可能导致调用栈溢出。

任务总结

　　在 Java 中，方法的调用是通过对象引用来实现的。如果方法是非静态的（即没有被 static 关键字修饰的方法），则需要先创建对象，然后通过这个对象的引用来调用方法。如果方法是静态的，则可以直接通过类名来调用。在本类中，一个静态方法可以直接调用另一个静态方法，既可以在 main() 方法中调用，还可以在自定义的静态方法中直接调用。如果静态方法调用本类中的非静态方法，就必须通过对象来调用。方法可以递归调用。

任务思考

　　方法前可以带 static 关键字吗？关于类的方法与对象的方法，它们之间有何不同？在一个方法中调用另一个方法（即方法之间的调用），有哪些规定？

任务 2.3	类的继承和多态

任务描述

在农产品销售业务中，农产品是分类管理的，农产品类型是对同一类产品进行分析和抽象的结果。客户在挑选符合自己意向的农产品时，看的是某种或某些具体的农产品（如西瓜等）。商家的管理模式和客户的需求模式，与类的继承思想是一致的。而类的多态又与客户对农产品需求的多样性相契合。

学习资源

继承	继承的实现	方法重写	this 关键字

Java 对象类型 转型	多态	super 关键字

相关知识

2.3.1　继承

在 Java 中，继承是面向对象程序设计的一个基本特性。它允许我们定义一个新类，该类可以从另一个已经存在的类继承其属性和方法，被继承的类称为父类或超类，新定义的类称为子类。

1. 继承的概念

根据农产品销售平台的需求分析结果，农产品可以分为水果、蔬菜、水产品、粮油米面等。我们选择粮油米面类下属的谷物作为研究对象，谷物包括大米、小麦等类，大米和小麦两个类有一些相同的属性和方法，如 breed、name、placeProduct、qualityGrade、inventory、price 等属性以及相应的 getter 方法，还有 store() 和 order() 方法。如果分别定义这两个类，那么这样做有两个问题：一是代码大量重复；二是如果某个属性要修改，则两个类中的这个属性都要同步修改，否则可能会导致属性定义不一致的情况。

以上问题，可以采用 Java 继承特性来解决。Java 允许新创建的类（称为子类或派生类）继承已有类（称为父类或基类）的属性和方法。通过继承，子类可以重用父类的代码并添加、修改或重写其功能，从而实现代码的复用和扩展。这种技术能够非常容易地复用以前的代码，大大缩短开发周期，降低开发费用。

了解 Java 继承的概念后，接下来使用继承来解决 Rice 类和 Wheat 类代码重复的问题。在设计类时，可以将 Rice 类和 Wheat 类中重复的代码挑出来，提取到一个新的 Grain 类中，然后让 Rice 类和 Wheat 类继承 Grain 类，这样可以在保留 Grain 类的属性和方法的同时，增加子类的属性和方法。类的继承关系如图 2-3 所示。

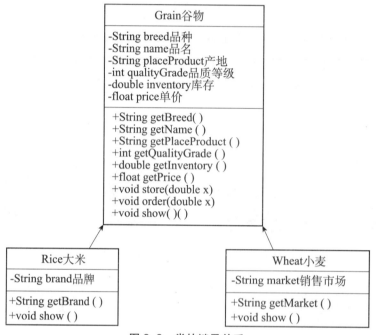

图 2-3　类的继承关系

继承的语法格式如下：

```
class A extends B{
    类定义部分
}
```

以上类的定义表示，A 类继承 B 类，B 类称为父类、超类或基类，A 类称为子类、衍生类、派生类或导出类。

2. 继承的使用

根据图 2-3 编写 Grain 类、Rice 类和 Wheat 类。和类图略有不同的是，在 Grain 类中，增加了两个构造方法，一个是有参的，另一个是无参的。Grain 类的代码如下：

```
package com.dongsheng.farmproduce;
//谷物类，是父类
public class Grain
{
```

```java
    private String breed ="";                   // 品种
    private String name ="谷物";                // 品名
    private String placeProduct="";             // 产地
    private int qualityGrade=3;                 // 品质等级
    private double inventory = 1000;            // 库存
    private float price = 5.0f;                 // 单价
    // 无参构造方法
    public Grain()
    {
    }
    // 构造方法，指定品名
    public Grain(String name)
    {
        this.name = name;
    }
    // 获取品名
    public String getName()
    {
        return name;
    }
    // 获取库存
    public double getInventory()
    {
        return inventory;
    }
    // 获取单价
    public float getPrice()
    {
        return price;
    }
    // 保存
    public void store(double x)
    {
        if(inventory +x>= 5000)                // 库存不能超过 5000
        {
            System.out.println("库存已满!");
        }else{                  // 入库 x
            inventory = inventory + x;
            System.out.println("已入库!");
```

```
        }
    }
    // 订购
    public void order(double x)
    {
        if(inventory < x)
        {
            System.out.println("库存不足，取消订单！");
        }else{
            System.out.println("已接受订单！");
            inventory = inventory - x;
        }
    }
}
```

下面是 Rice 类的定义，类中定义了一个有参的构造方法：

```
// 大米类，是子类，继承 Grain 类
public class Rice extends Grain
{
    private String brand ="五常大米";    // 品牌
    // 构造方法，指定品名和品牌
    public Rice(String name,String brand){
        super(name);          // 使用 super 关键字，调用父类的构造方法
        this.brand = brand;
    }
    // 显示大米信息
    public void show()
    {
        System.out.println("显示大米信息：\n大米名称为:" + this.getName() + "品牌是:"
+ this.getBrand() + "库存为:" + this.getInventory() + "单价为:" + this.getPrice());
    }
    // 获取品牌
    public String getBrand()
    {
        return brand;
    }
}
```

需要注意的是，在 Rice 类的构造方法中，super(name); 语句的含义为调用父类有参的构造方法。前面已经学过，在一个类中，this 关键字代表这个类对象本身。与 this 关键字类似，super 关键字

代表当前对象的直接父类对象的默认引用，在子类中可以通过 super 关键字来访问父类的成员。

　　编译上面的代码，编译器报错，只要把 Grain 类私有的成员变量 name、inventory 和 price 改成默认类型的，编译即可通过。

　　下面是 Wheat 类的定义：

```java
//Wheat 类, 是子类, 继承 Grain 类
public class Wheat extends Grain
{
    private String market ="华北";    // 销售市场
    // 构造方法, 指定品名和消费市场
    public Wheat(String name,String market){
        super(name);                // 使用 super 关键字, 调用父类的构造方法
        this.market = market;
    }
    // 显示小麦信息
    public void show()
    {
        System.out.println("显示小麦信息: \n 小麦名称为:" + this.getName() + "销售市场是:"
+ this.getMarket() + "库存为:" + this.getInventory() + "单价为:" + this.getPrice());
    }
    // 获得销售市场
    public String getMarket()
    {
        return market;
    }
}
```

对农产品销售平台谷物子系统的测试代码如下：

```java
import java.util.Scanner;
public class GrainSaleExam
{

    public static void main(String[] args)
    {
        Wheat wht = new Wheat("软质春小麦","华北");// 初始化小麦对象 wht
        wht.show();                // 输出小麦信息
        wht.order(10.0);           // 订购小麦 10 吨
        wht.show();                // 输出小麦信息
        wht.order(20.0);           // 订购小麦 20 吨
        wht.order(5.0);            // 订购小麦 5 吨
```

```
        wht.order(5.0);              // 订购小麦 5 吨

        wht.store(50.0);             // 入库小麦 50 吨

        wht.show();                  // 输出小麦信息

    }

}
```

3. 继承和访问权限

在 Java 中，类成员的访问控制修饰符有 public、protected、default（无默认修饰符）和 private。这些修饰符定义了类成员的可见性，即哪些类可以访问这些成员。前面在农产品销售平台中，我们分析了 Rice 类和 Wheat 类与父类 Grain 之间的继承关系，继承最大的好处是，子类可以从父类中继承属性和方法。那么子类是不是能继承父类所有属性和方法呢？子类对父类的访问权限如下：

（1）子类可以继承父类中访问控制修饰符为 public 和 protected 的属性和方法。

（2）子类可以继承父类中用默认访问控制修饰符声明的属性和方法，但子类和父类必须在同一个包中。

（3）子类无法继承父类中访问控制修饰符为 private 的属性和方法。

（4）子类无法继承父类的构造方法。

在上面的例子中，Grain 类中 name、inventory 和 price 为私有属性，Rice 类在继承 Grain 类时，是不能继承这些私有属性的，如果在 Rice 类的 show() 方法中访问 name、inventory 和 price 属性，那么编译器会报错。如果要在 Rice 类的 show() 方法中访问 name、inventory 和 price 属性，那么可以将 name、inventory 和 price 这三个属性的访问控制修饰符从 private 改为 default，且 Rice 类和 Grain 类在同一个包中，这样 Rice 类就可以继承 Grain 类的默认属性 name、inventory 和 price。

还有一种解决方式，是在 show() 方法中直接访问 name、inventory 和 price 属性对应的公有 getter 方法，修改后的代码如下所示：

```
    System.out.println("显示大米信息:\n 大米名称为:" + getName() + "品牌是:" + this.
brand + "库存为:" + getInventory() + "大米价格为:" + getPrice());
```

构造方法是一种特殊的方法，子类无法继承父类的构造方法。需要注意的是，如果在子类构造方法中没有显式调用父类的有参构造方法（如 super(name);），没有通过 this 显式调用自身的其他构造方法，则系统会默认调用父类的无参构造方法（super();）。

4. 属性覆盖

在 Java 中，属性覆盖指的是子类继承父类后，可以重新定义父类中的某些属性，即属性的重新赋值或修改。这种做法允许子类根据需要定制属性。

以下是一个简单的例子，演示了属性覆盖的情况：

```
class Parent {

    // 父类属性

    int value = 10;

}

class Child extends Parent {
```

```
        // 子类覆盖父类属性
        int value = 20;
}


public class AttributeOverride {
    public static void main(String[] args) {
        Child child = new Child();
        // 输出的是子类的 value 属性, 即 20
        System.out.println(child.value);


        // 要访问父类的 value 属性, 需要使用 super 关键字
        System.out.println(child.super.value);
    }
}
```

在这个例子中，Child 类覆盖了父类 Parent 中的 value 属性。当我们创建 Child 类的实例并访问 value 属性时，输出的是子类中定义的值 20。如果需要访问父类的 value 属性，则需要使用 super.value。

5. 继承中的初始化

前面已经介绍了一个类的对象初始化过程，如果存在继承关系，那么类的初始化过程会有所不同。有继承关系的父类、子类中进行对象的初始化包含静态块、非静态块、构造方法的执行顺序。例如下面的代码：

```
class Parent {
    // 静态变量
    public static String supStaticField="父类静态变量";
    // 变量
    public String supField ="父类变量";
    protected int i = 9;
    protected int j = 0;
    // 静态初始化块
    static {
        System.out.println(supStaticField);
        System.out.println("父类静态初始化块");
    }
    // 初始化块
    {
        System.out.println(supField);
        System.out.println("父类初始化块");
    }
    //构造方法
    public Parent() {
```

73

```java
        System.out.println("父类构造方法");
        System.out.println("i="+ i +", j="+ j);
        j = 20;
    }
    // 静态方法
    static void staticPrint(){
        System.out.println("父类静态方法初始化");
    }
    // 普通方法
    void Print(){
        System.out.println("父类方法初始化");
    }
}


public class Sub extends Parent {
    // 静态变量
    public static String subStaticField ="子类静态变量";
    // 变量
    public String subField ="子类变量";
    // 静态初始化块
    static {
        System.out.println(subStaticField);
        System.out.println("子类静态初始化块");
    }
    // 初始化块
    {
        System.out.println(subField);
        System.out.println("子类初始化块");
    }
    // 构造方法
    public Sub() {
        System.out.println("子类构造方法");
        System.out.println("i="+ i +",j="+ j);
    }
    static void staticPrint(){
        System.out.println("子类静态方法初始化");
    }
    // 方法
    void Print(){
```

```
        System.out.println("子类方法初始化");
    }
    // 程序入口
    public static void main(String[] args) {
        System.out.println("子类 main 方法");
        new Sub();
    }
}
```

输出结果如下：

```
父类静态初始化块
子类静态变量
子类静态初始化块
子类 main 方法
父类变量
父类初始化块
父类构造方法
i=9, j=0
子类变量
子类初始化块
子类构造方法
i=9,j=20
```

从运行结果可以看出，在第一次实例化子类时，先调用父类的静态变量、静态块，再调用子类的静态变量、静态块，之后再调用父类的变量、非静态块和构造方法，最后调用子类的变量、非静态块和构造方法。

2.3.2　方法重写

子类可以继承父类的方法，如果父类的方法不能满足子类的需要，则可以在子类中对父类的同名方法进行覆盖，这就是重写（Overriding）。若子类中的方法与父类中的某一方法具有相同的方法名、返回类型和参数表，则新方法将覆盖原有的方法。

假设在农产品销售平台中，系统的需求发生了如下变化：

（1）客户在订购小麦时，将根据其订购量享受一定的折扣价。订购量达到或超过 1 000（吨）时，客户享受 9 折价格优惠，否则按照 1- 订购量 /1 000 的计算结果享受价格优惠。

（2）在 Wheat 类中添加如下代码，重写父类的 order() 方法：

```
// 子类重写父类的 order（ ）方法
public void order(double x) {
    if(x >= 1000)
    {
```

```
            System.out.println("订购"+this.getName()+", 享受 9 折。");
            float oldPrice=this.getPrice();
            this.setPrice((float)0.9*oldPrice);
        }else{
            System.out.println("订购"+this.getName()+", 享受"+(1-x/1000)*10+"折。");
            float oldPrice=this.getPrice();
            this.setPrice((float)(1-x/1000)*oldPrice);
        }
    }
```

使用下面的代码进行测试，注意看测试代码的注释：

```
import java.util.Scanner;
public class GrainSaleExam2
{
    public static void main(String[] args)
    {
        Wheat wht = new Wheat("软质春小麦","华北");//初始化小麦对象 wht
        wht.show();            // 输出小麦信息
        wht.order(10.0);       // 订购小麦 10 吨
        wht.show();            // 输出小麦信息
        wht.order(20.0);       // 订购小麦 20 吨
        wht.order(5.0);        // 订购小麦 5 吨
        wht.order(5.0);        // 订购小麦 5 吨
        wht.store(50.0);       // 入库小麦 50 吨
        wht.show();            // 输出小麦信息
    }
}
```

在上面的例子中，子类 Wheat 完全重写了父类 Grain 的 order() 方法。方法重写的一种模式是，子类在父类方法的基础上增加一些功能，采用 "super. 父类方法名 ();" 的方式，调用父类被重写的方法。

重写需要满足以下条件：

（1）重写方法与被重写方法同名，参数列表也必须相同。

（2）重写方法的返回值类型必须和被重写方法的返回值类型相同或是其子类。

（3）重写方法不能缩小被重写方法的访问权限。

我们在前面的单元中，学过 final 关键字，用 final 修饰的变量即为常量，只能赋值一次。如果用 final 修饰方法，则该方法不能被子类重写。如果用 final 修饰类，则这个类不能被继承。

2.3.3 this 和 super 关键字

1. this 关键字

在 Java 中，this 关键字表示当前对象的引用。它可以用于引用对象的实例变量和方法。this 主要有以下几个作用：

（1）调用成员变量。

参考代码如下：

```
public class Customer{
    String name;
    private void SetName(String name){
        this.name = name;
    }
}
```

这段代码中，创建了一个 Customer 类，有成员变量 name 与成员方法 SetName (String name)。由于成员方法接收的形参名称与成员变量相同，都是 name，因此这里可以使用 this 关键字来调用本类中的成员变量。

（2）调用成员方法。

参考代码如下：

```
public class Customer {
    String ID;
    String name;
    int sex;
    private void SetName(String name){
        this.name = name;
    }
    private void print() {
        System.out.println(ID+","+name+","+sex);
    }
    public void getInfo() {
        this.print();　// 调用本类方法
    }
}
```

（3）调用构造方法。

如果一个类有多个构造方法，那么可以在一个构造方法中通过 this(paras…) 来调用其他构造方法。使用 this 语句来调用其他构造方法有如下几个约束：

- 如果在一个构造方法中使用了 this 语句，那么它必须作为构造方法的第一条语句（不考虑注释语句）。
- 只能在一个构造方法中使用 this 语句来调用类的其他构造方法，而不能在实例方法中使用 this 语句来调用类的其他构造方法。
- 只能用 this 语句来调用其他构造方法，而不能通过方法名来直接调用构造方法。
- 由于 super 调用父类的构造方法必须放在子类构造方法的第一行中执行，因此，通过 this 和 super 调用构造方法不能同时出现在同一个构造方法中，也不能在一个构造方法中多次调用不同的构造方法。

参考代码如下：

```java
public class Customer { //定义一个类，类的名字为 Customer
    public Customer() { //定义一个无参的构造方法
        this("Hello!");
    }
    public Customer(String name) { //定义一个带形参的构造方法
    }
}
```

（4）返回对象的值。

this 关键字除了可以引用变量或成员方法之外，还可以返回类的引用。例如在代码中，可以使用 return this 来返回某个类的引用，此时这个 this 关键字就代表该类的名称。

2. super 关键字

super 关键字代表父类的引用，用于访问父类的属性、方法（含构造方法）。使用 super 的几种情形如下：

（1）在子类的方法或构造函数中，通过使用"super. 属性"或"super. 方法"的方式，显式调用父类中声明的属性和方法。

（2）当父类与子类定义了同名属性时，通过使用"super. 属性"的方式表明调用的是父类中声明的属性。

（3）当子类重写了父类的方法以后，我们想在子类的方法中调用父类被重写的方法时必须通过使用"super. 方法"的方式，表明调用的是父类中被重写的方法。

例如，下列代码是父类中定义的 withdraw () 方法：

```java
public void withdraw(double amount) {
    if (balance>=amount) {
        balance-=amount;
        return;
    }
    System.out.println("余额不足");
}
public void deposit(double amount) {
    if (amount>0) {
        balance+=amount;
    }
}
```

下面是子类调用父类被重写的方法：

```java
public void withdraw(double amount) {
    // 重写了父类中的 withdraw() 方法
    //setBalance(getBalance()-amount);
```

```
if(getBalance()>=amount) {
        super.withdraw(amount);//调用父类中被重写的方法
    }
}
```

（4）super 调用构造方法。

我们可以在子类构造方法中通过使用"super（形参列表）"的方式，调用父类中声明的构造方法。例如，下面代码是父类中声明的构造方法：

```
public Account(int id,double balance,double annualInterestRate) {
    //super();
    this.id=id;
    this.balance=balance;
    this.annualInterestRate=annualInterestRate;
}
```

子类 CheckAccount 调用父类 Account 声明的构造方法：

```
public CheckAccount(int id,double balance,double annualInterestRate,double
overDraft) {
    super(id,balance,annualInterestRate);
    this.overDraft=overDraft;
}
```

注意：

- 在类的构造方法中，"this(形参列表)"和"super(形参列表)"只能二选一，不能同时出现。
- 在构造方法的首行，如果没有显式声明"this(形参列表)"或"super(形参列表)"，则默认调用的是父类中的空构造方法。

2.3.4　多态

我们已经学习了抽象、封装和继承，对面向对象技术有了一定程度的理解。作为面向对象的三大特征之一，多态是最抽象也是最重要的。多态是面向对象编程中的一个重要概念，指的是同一种类型的对象在不同的情况下表现出不同的行为。多态就是同一个接口，通过调用不同的实例执行不同的操作。多态是建立在封装和继承衍生之上的。转型（Type Casting）是指将一个对象从一种类型转换为另一种类型的过程。向上转型与向下转型是实现多态的两种形式。所以本部分以"农产品销售平台"为例，介绍 Java 中的多态。

Java 语言允许基本数据类型之间进行转换，也允许引用变量进行有条件的类型转换。Java 中引用类型之间的类型转换（前提是两个类有继承关系）主要有两种，分别是向上转型（upcasting）和向下转型（downcasting）。

1. 向上转型

所谓向上转型，是将一个子类对象转换为父类类型。这是一个隐式的转型过程，不需要显式地进行类型转换。

向上转型的基本语法如下所示：

```
父类类型 引用名 = new 子类类型 ();
```

例如：

```
Animal a = new Cat();
```

父类相对于子类来说是更高层次或更大范围的类型，Animal 是动物类，Cat 是猫类，是子类，从表示的类型的范围看，Animal 与 Cat 之间是父子关系，Cat 可以直接自动转型后赋给父类的变量（表示这里动物指的是一只猫）。

在农产品销售平台中，谷物可以加工成主食，需要新建一个食品加工车间类 FoodPlant，该类有名称属性，还有获取食品加工信息的方法。具体代码如下所示：

```java
// 食品加工车间类
public class FoodPlant
{
    String name  ="食品车间";    // 食品加工车间名称
    // 构造方法，指定食品车间名称
    public FoodPlant(String name)
    {
        this.name = name;
    }
    // 获取食品车间名称
    public String getName()
    {
        return name;
    }
    // 食品车间获取加工的食材信息，输入参数为大米对象
    public void getProcessInfo(Rice rice)
    {
        rice.show();
    }
    // 食品车间获取加工的食材信息，输入参数为小麦对象
    public void getProcessInfo(Wheat wht)
    {
        wht.show();
    }
}
```

食品加工测试代码如下：

```java
class FoodProcessingExam
{
```

```
public static void main(String[] args)
{
    Rice rice = new Rice("稻花香","五常大米");    // 初始化大米对象 rice
    Wheat wht = new Wheat("软质春小麦","华北");    // 初始化小麦对象 wht
    FoodPlant plant = new FoodPlant("东盛食品厂");    // 创建并初始化食品车间对象
    plant.getProcessInfo(rice);                      // 调用大米对象相应的方法
    plant.getProcessInfo(wht);                       // 调用小麦对象相应的方法
}
}
```

在创建 FoodPlant 类的过程中，食品车间获取食材信息的功能用了两个重载方法。由于谷物的种类很多，如果每种食材的加工都要对应一个重载方法，那么就要重复写多个方法。下面就用多态的方式解决这个问题。

首先要在 Grain 类中增加一个 show() 方法，方法体为空，Rice 类和 Wheat 类中的 show() 方法重写 Grain 类中的 show() 方法，代码如下：

```
public class Grain
{
    // 省略其他代码
    // 显示谷物信息
    public void show()
    {
    }
}
```

然后修改 FoodPlant 类，将原来两个 getProcessInfo() 方法合并成一个方法，输入参数不再是具体的食材类型，而是这些食材类型的父类 Grain，在方法体内调用父类的 show() 方法。代码如下：

```
// 食品加工车间类
public class FoodPlant
{
    String name  ="东盛食品厂";                // 食品车间名称
    // 构造方法，指定食品车间名称
    public FoodPlant(String name)
    {
        this.name = name;
    }
    // 获取食品车间名称
    public String getName()
    {
        return name;
```

```
        }
        // 食品车间获取食材信息，输入参数为大米对象
        public void getProcessInfo(Grain g)
        {
            g.show();
        }
    }
```

以下是测试代码：

```
class FoodProcessingExam2
{
    public static void main(String[] args)
    {
        Rice rice = new Rice("稻花香","五常大米");    // 初始化代码对象 rice
        Wheat wht = new Wheat("软质春小麦","华北");  // 初始化小麦对象 wht
        FoodPlant plant = new FoodPlant("东盛食品厂");  // 创建并初始化食品车间对象
        plant.getProcessInfo(rice);        // 调用大米对象的相应方法
        plant.getProcessInfo(wht);         // 调用小麦对象的相应方法
    }
}
```

上例中，FoodPlant 类中的 getProcessInfo(Grain g) 方法的形参是一个父类对象。在测试类的代码中，plant.getProcessInfo(rice); 和 plant.getProcessInfo(wht); 这两行语句调用 getProcessInfo (Grain g) 方法时，实际传入的是子类对象，最终执行的是子类对象重写的 show() 方法，而不是父类对象的 show() 方法。对 Grain 类的引用，指向了 rice 和 wht 这两个对象。

向上转型的好处，不仅是在 FoodPlant 类中不需要针对 Grain 类的每个子类写一个方法，减少了代码编写量，而且增加了程序的扩展性。向上转型也存在一定的局限性，例如，在 FoodPlant 类的 getProcessInfo(Grain g) 方法中，只能调用 Grain 类的方法，不能调用 Grain 类子类特有的方法（例如 Rice 类中 getBrand() 方法）。

2. 向下转型

向下转型则反之，是将一个父类对象转换为子类类型。这是一个显式的转型过程，需要进行类型转换。向下转型后，可以调用子类类型中所有成员。向下转型时，必须进行强制类型转换，因为父类拥有的成员，子类肯定会有，但子类拥有的成员，父类不一定有。

但要注意的是，如果父类的引用对象指向的是子类对象，则向下转型时是安全的，即编译时不会出现错误。但如果父类的引用对象是父类本身，那么在向下转型的过程中是不安全的，虽然编译时不会出错，但在运行过程中会出现强制类型转换异常。我们可以使用 instanceof 运算符来避免出现强制类型转换异常。

向下转型的基本语法如下所示：

```
子类类型 引用名 =（子类类型） 父类引用;
```

与向上转型是父类的引用指向子类对象相反，向下转型是子类引用指向父类对象，也就是说需要一个 Rice 类引用，却提供了一个 Grain 类对象。显然，这样的做法是不安全的。

下面来看一个例子：

```
class GrainSaleExam3
{
    public static void main(String[] args)
    {
        //声明父类对象，实例化出子类对象
        Grain g = new Rice("稻花香","五常大米");
        g.show();              //实际调用子类重写父类的 show() 方法
        //System.out.println(g.getBrand());
        //编译错误，无法调用子类特有的方法
        Rice rice = (Rice)g;      //将对象 g 强制类型转换成 Rice 类对象
        System.out.println(rice.getBrand());//调用 Rice 类特有方法 getBrand()
        Wheat wht = (Wheat)g;      //将对象 g 强制类型转换成 Wheat 类对象
        System.out.println(wht.getMarket()); //调用 Wheat 类特有方法 getMarket()
    }
}
```

从运行结果可以看出，对象 g 是可以强制类型转换成 Rice 类型的，因为它本身实例化的时候就是 Rice 类型，所以可以进行强制类型转换，并且转换之后可以调用 Rice 类特有的方法 getBrand()。但是对象 g 是不可以强制类型转换成 Wheat 类型的，因为对象 g 此前已经实例化为 Rice 类型了，再把 Rice 类型转换成 Wheat 类型，就会抛出异常。

在进行对象的强制类型转换时，如果不确定转换后的类型，系统就会抛出异常。为此，Java 提供了 instanceof 双目运算符（不是方法），可以进行类型判断，避免出现异常。instanceof 运算符的语法格式如下：

```
对象 instanceof 类
```

该运算符判断一个对象是否属于一个类，返回值为 true 或 false。

看下面的例子：

```
class GrainSaleExam4
{
    public static void main(String[] args)
    {
        //声明父类对象，实例化出子类对象
        //Grain g = new Rice("稻花香","五常大米");
        Grain g = new Wheat("软质春小麦","华北");
        g.show();
        if( g instanceof Rice )      //对象 g 属于 Rice 类型
```

```
        {
            Rice rice = (Rice)g;      // 将对象 g 强制类型转换成 Rice 类对象
            // 调用 Rice 类的特有方法 getBrand()
            System.out.println(rice.getBrand());
        }else{           // 对象 g 不属于 Rice 类型
            Wheat wht = (Wheat)g;    // 将对象 g 强制类型转换成 Wheat 类对象
            // 调用 Wheat 类的特有方法 getMarket()
            System.out.println(wht.getMarket());
        }
    }
}
```

通过 instanceof 判断对象 g 属于哪个类，再进行强制类型转换，降低了出现异常的可能。

任务总结

继承是面向对象的三大特征之一。方法重写是子类提供一个与父类中同名且参数类型相同的方法实现，它允许子类改变父类方法的行为。多态是指同一类型的对象在不同的情境下表现出不同的行为。它是面向对象编程的一个重要特性，可以提高代码的灵活性和可扩展性。多态的实现依赖于继承和方法重写。通过将子类对象赋值给父类引用或者通过父类引用调用子类对象的方法，可以实现多态的效果。实现多态的关键是要满足继承关系和方法重写的条件。子类必须继承自父类，并且子类必须重写父类的方法。

任务思考

重载（Overloading）与重写（Overriding）的区别是什么？多态有哪几种主要形式？形成多态需要有哪些条件？向上转型、向下转型各有什么特点？向上转型与向下转型的区别是什么？多态有哪些应用场景（举例说明）？多态与重载、重写之间的区别是什么？

任务2.4　最终类和抽象类

任务描述

在农产品销售平台开发过程中，某些类可能包含敏感信息或核心逻辑，为了防止被其他类继承并篡改，我们可以将其声明为最终类。此外，我们也经常需要处理各种数据模型，如农作物、水果、加工车间、销售渠道等。这些数据模型通常具有一些共同的属性和方法，可以使用抽象类来定义这些共同点，让具体的子类来实现具体功能。

学习资源

最终类

抽象类

相关知识

2.4.1 最终类

最终类是指不能被继承的类，即不能再由该类派生子类。在 Java 语言中，如果不希望某个类被继承，则可以声明这个类为最终类。最终类用关键字 final 来说明。

例如：

```
public final class FinalClass{
    //...
}
```

Java 规定，最终类中的方法都自动成为 final 方法。在 Java 中，Math 类是最终类，因为里面的方法不能被修改。

与最终类不能被继承类似，可以用关键字 final 来指明那些不能被子类重写的方法，这些方法称为最终方法。

例如：

```
public final void fun();
```

最终类的示例代码如下：

```
class Fruit {
    String name;
    String twoDimCode;
    public Fruit() {
    }
    final String getTwoDimCode() {
        return "水果二维码";
    }
}
class Apple extends Fruit{
    public Apple() {
    }
    // 不能重写父类的最终方法
```

```
//final String getTwoDimCode(){
//      return "苹果二位码";
//  }
}
```

在程序设计中，最终类的所有方法都不能被子类重写，避免了程序维护的潜在风险。

需要注意的是，一个类不能既是最终类又是抽象类，即关键字 abstract 和 final 不能同时使用。在类声明中，如果需要同时出现关键字 public 和 abstract（或 final），习惯上，public 放在 abstract（或 final）的前面。

2.4.2 抽象类

1. 抽象类的概念

在 Java 中，如果一个类中没有包含足够的信息来描绘一个具体的对象，那么这样的类就是抽象类。例如，我们要描述“水果”，它就是一个抽象，它有质量、体积等一些共性（水果有质量），但又缺乏特性（苹果、橘子都是水果，它们有自己的特性），我们拿不出唯一一种能代表水果的东西（因为苹果、橘子都不能代表水果），可用抽象类来描述它，所以抽象类是不能够实例化的。当我们用某个类来具体描述“苹果”时，这个类就可以继承描述“水果”的抽象类，我们都知道“苹果”是一种“水果”。

抽象类的语法格式如下：

```
abstract class 类名 {
}
```

Java 也提供了一种特殊的方法，这个方法不是一个完整的方法，只含有方法的声明，没有方法体，这样的方法叫作抽象方法，其语法格式如下：

```
其他修饰符 abstract 返回值 方法名（）；
```

2. 抽象类的使用

在实际应用中，抽象类是通过子类继承父类的方法来实现的。

现有 Fruit 类、Apple 类、Peach 类和 Pear 类四个类，其中 Fruit 类为抽象类，有 pick() 和 process() 两个抽象方法，其类间关系如图 2-4 所示。

Fruit 类代码如下：

```
abstract class Fruit
{
    String name = "水果";
    String color = "颜色";
    //定义采摘的抽象方法pick()
    public abstract void pick();
    //定义加工的抽象方法process()
```

```
    public abstract void process();
}
```

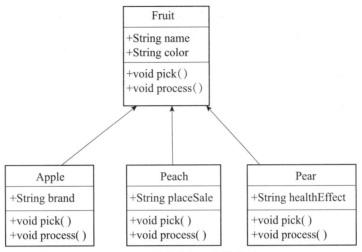

图 2-4　抽象类与子类的关系

Apple 类代码如下：

```
// 子类 Apple 继承自抽象父类 Fruit
class Apple extends Fruit
{
    String brand = "烟台苹果";            // 品牌
    String place = "烟台";                // 产地
    // 实现父类 pick() 的抽象方法
    public void pick()
    {
        System.out.println(brand+ "在 9-10 月采摘。");
    }
    // 实现父类 process() 的抽象方法
    public void process()
    {
        System.out.println(place+"苹果加工成苹果汁出口。");
    }
}
```

Peach 类代码如下：

```
// 子类 Peach 继承自抽象父类 Fruit
class Peach extends Fruit
{
    String placeSale= "宁波";            // 销售地
    // 实现父类 pick() 的抽象方法
```

```
    public void pick()
    {
        System.out.println("桃子在7-8月份采摘。");
    }


    // 实现父类process()的抽象方法
    public void process()
    {
        System.out.println("加工成桃脯销往"+placeSale+".");
    }
}
```

Pear 类代码如下：

```
// 子类Pear继承自抽象父类Fruit
class Pear extends Fruit
{
    String healthEffect="清热、去火、化痰、止咳";    // 养生功效
    // 实现父类pick()的抽象方法
    public void pick()
    {
        System.out.println("梨在7-10月份采摘。");
    }
    // 实现父类process()的抽象方法
    public void process()
    {
        System.out.println("梨加工成梨膏后具有"+healthEffect+"等功效。");
    }
}
```

测试类代码如下：

```
class AbstractFruitExam
{
    public static void main(String[] args)
    {
        Fruit apple = new Apple();      // 创建一个苹果对象
        System.out.println("*** 苹果的行为 ***");
        apple.pick();                   // 调用苹果的采摘方法
        apple.process();                // 调用苹果的加工方法
        Fruit peach = new Peach();      // 创建一个桃对象
```

```
        System.out.println("*** 桃的行为 ***");
        peach.pick();                    // 调用桃的采摘方法
        peach.process();                 // 调用桃的加工方法
        Fruit pear = new Pear();         // 创建一个梨对象
        System.out.println("*** 梨的行为 ***");
        pear.pick();                     // 调用桃的采摘方法
        pear.process();                  // 调用桃的加工方法
    }
}
```

3. 抽象类的使用原则

使用抽象类和抽象方法时，需要遵循以下原则：

（1）在抽象类中，可以包含抽象方法，也可以不包含抽象方法，但是包含了抽象方法的类必须定义为抽象类。

（2）抽象类不能直接实例化，即使抽象类中没有声明抽象方法，也不能直接实例化。

（3）抽象类被继承后，子类需要实现其中所有的抽象方法。

（4）如果继承抽象类的子类也被声明为抽象类，则可以不用实现父类中的所有抽象方法。

4. 抽象类的应用

在农产品销售平台中，之前定义的 Grain 类中的 show() 方法是一个空方法，没有实际意义，所以可以把它定义为抽象方法。

此外，在讲解继承时，Wheat 类重写了 Grain 类的 order() 方法，而且通过需求分析可以判断出，Grain 类的其他子类也可能需要重写 order() 方法，为实现促销让客户享受折扣价。因此，可以把 Grain 类的 order() 方法定义为抽象方法，把原来 Grain 类中的 order() 方法的方法体代码移到 Rice 类中，相当于 Rice 类实现 Grain 类的 order() 抽象方法。

修改后 Grain 类的代码如下：

```
package com.dongsheng.farmproduce;

// 谷物类，是父类，抽象类
public abstract class Grain
{
    String name = "谷物";              // 谷物品名
    double inventory = 1000;           // 库存
    float price = 10.0f;               // 谷物单价
    // 抽象方法，显示谷物信息
    public abstract void show();
    // 抽象方法，订购
    public abstract void order(double x);
    // 保存（入库）
```

```
        public void store(double x)
        {
            if(inventory+x >= 5000)
            {
                System.out.println("库存已满!");
            }else{
                inventory = inventory + x;
            System.out.println("已入库!");
            }
        }
        // 省略了构造方法、getter 方法
    }
```

Rice 类的代码如下：

```
package com.dongsheng.farmproduce;

// 大米类，是子类，继承 Grain 类
public class Rice extends Grain
{
    private String brand ="五常大米";          // 品牌
    // 子类重写父类的 show() 抽象方法
    public void show()
    {
        System.out.println("显示大米信息：\n大米品名为：" + this.name + "品牌是："+
this.brand + "库存为：" + this.inventory + "单价为：" + this.price);
        //System.out.println("显示大米信息：\n大米品名为："+ getName() + "品牌是："+
getBrand() + "
        // 库存为：" + getInventory() + "单价为：" + getPrice());
    }
    // 子类重写父类的 order() 抽象方法
    public void order(double x) {
        if(x>=1000)
        {
            System.out.println("订购"+this.getName()+"，享受 9 折。");
            float oldPrice=this.getPrice();
            this.setPrice((float)0.9*oldPrice);
        }else{
            System.out.println("订购"+this.getName()+"，享受"+(1-x/1000)*10+"折。");
            float oldPrice=this.getPrice();
```

```
                    this.setPrice((float)(1-x/1000)*oldPrice);
            }
    }
    // 省略了构造方法、getter 方法
}
```

Wheat 类和 FoodPlant 类的代码都没有发生变化，运行测试类代码如下：

```
import com.dongsheng.farmproduce.*;


class GrainSaleExam5
{
    public static void main(String[] args)
    {
        Grain rice = new Rice("稻花香","五常大米");        // 初始化大米对象 rice
        Grain wht = new Wheat("软质春小麦","华北");       // 初始化小麦对象 wht
        FoodPlant plant = new FoodPlant("东盛食品厂");  // 创建并初始化食品车间对象
        plant.getProcessInfo(rice);                      // 调用食品车间对象的相应方法
        plant.getProcessInfo(wht);                       // 调用食品车间对象的相应方法
    }
}
```

任务总结

　　最终类不允许被继承，也就是说不允许成为父类，或者说不允许拥有子类。因为最终类不可能有子类，所以最终类中的所有方法都是最终方法。也是因为最终类不可能有子类，所以就不可能存在运行时多态现象（但存在编译时多态，如重载），这样就可以在编译时优化，加快执行速度。抽象类可以作为设计模式和架构的一部分，用于表达抽象概念或接口，并强制子类遵循一定的结构和约定，这有助于保持代码的一致性和可维护性。

任务思考

　　为什么要定义抽象类？最终类中可以有普通方法吗？普通类中的最终方法能够被继承吗？

任务 2.5　包和访问权限

任务描述

　　在开发农产品销售平台过程中，需要把各种软件资源（如类、接口、数据库、数据管理工具、测

试用例等）分类存放在不同目录下，便于访问和管理。这时就需要用到 Java 的包机制。在设计包时，要注意类的访问权限。

【学习资源】

包的定义和使用

【相关知识】

2.5.1 Java 的包机制

Java 包是一种用于组织类和接口的机制，类似于文件夹，可以将 Java 程序中的类组织在一起。通过使用 Java 包，我们可以对类和接口进行逻辑上的分组。

在 Java 中，每个源文件都属于一个包，源文件的第一行必须是 package 语句，用于指定该文件所属的包。例如，我们如果有一个名为 com.case 的包，就可以在源文件的第一行添加以下内容：

```
package com.case;
```

Java 包的主要作用是：将类和接口进行组织和管理。通过使用 Java 包，我们可以将相关的类和接口放在一个包中，以便我们对这些类和接口进行管理。

包是类的容器，用于分隔类名空间。如果没有指定包名，那么所有的类都属于一个默认的无名包。

Java 中的包一般都包含功能相关的类。例如，Java 中通用的工具类一般都放在 java.util 包中。

包有以下 3 个方面的作用：

（1）便于分组管理类。Java 包可以将一组相关的类组合在一起，以便于管理和使用。例如，Java 中的 java.util 包就包含了很多常用的工具类，如集合类、时间类等。

（2）避免命名冲突。Java 包可以防止类名、方法名和变量名的冲突。在 Java 中，每个类都必须有唯一的类名，但不同的包可以使用相同的类名。这样，同名的类就可以在不同的包中存在，避免了命名冲突。

（3）控制访问权限。Java 包可以限制类、接口、变量和方法的访问权限，从而保证程序的安全性和可维护性。

1. 包的使用

程序员可以使用关键字 package 指明源文件中的类属于哪个具体的包。包的语法格式如下：

```
package pkg1[. pkg2[. pkg3…]];
```

程序中如果有 package 语句，那么该语句一定是源文件中的第一条可执行语句，它的前面只能有注释或空行。另外，一个文件中最多只能有一条 package 语句。

包的名字有层次关系，各层之间以点号分隔，包层次必须与 Java 开发环境文件系统的层次结构相同。包名通常全部用小写字母，这与类名以大写字母开头且各单词的首字母亦大写的命名约定有所不同。关于包的命名，现在使用得最多的规则是使用 internet 域名，并将其中的元素颠倒过来。例如，abc 公司的域名为 www.abc.com，该公司开发部门正开发一个叫 fly 的项目，在这个项目中有一个工具类的包，则这个工具类包的包名可以为：com.abc.fly.tools。

来看下面的例子：

```
package com.dongsheng.test;                    // 声明包


public class PackageClass
{
    public void show() {
        System.out.println("package com.dongsheng.test");
    }
}
```

注意：要创建这个类，首先需要在当前目录下依次建立 com、dongsheng 和 test 子目录，在 com\dongsheng\test 子目录下创建 PackageClass.java 文件。

2. JDK 中的包

在 JDK 中，Java 的包层次结构是按照不同的功能和组件进行组织的。Java 的核心类库被划分到不同的包中，每个包提供特定的功能。以下是一些主要的包：

（1）java.lang：包含 Java 语言的核心类，如 Object 类、String 类、基本数据类型的封装类等。

（2）java.util：包含实用工具类，如集合框架、事件模型、日期和时间设置等。

（3）java.io：提供输入输出功能，包括文件操作等。

（4）java.net：包含实现网络应用的类和接口。

（5）java.sql：提供操作数据库的类和接口。

（6）java.awt：提供创建图形用户界面的类，如窗口、按钮、文本框等。

（7）javax.swing：提供一系列轻量级的组件，用于构建图形界面。

2.5.2　引用包

在 Java 中，可以使用关键字 import 来引用其他包中的类和接口。有以下几种引用包的方式：

1. 引用完整类名

引用不同包中的类有两种方法，其中一种非常直观的方法就是引用带包名的完整类名。例如，引用上面的 PackageClass 类，可以建立以下程序：

```
public class ImportClassExam
{
    public static void main(String[] args)
    {
        // 引用完整类名
        com.dongsheng.test.PackageClass pc = new com.dongsheng.test.PackageClass();
        pc.show();
```

```
        }
    }
```

编译并运行程序，会在控制台输出"package com.dongsheng.test"。

2. 导入包

引用完整类名的方法虽然直观，但是当使用的类比较多时，编辑和阅读会非常困难。接下来学习的是采用导入包的形式引用类。导入包的语法格式如下：

```
import 包名 . 类名 ;
```

这里的包名、类名既可以是 JDK 提供的包和类的名称，也可以是用户自定义的包名和类名。

如果要引用一个包中的某些类，则可以使用"import 包名 .;"的形式导入这个包中所有类。import 语句需要放在 package 语句后，在类定义之前。

采用导入包的形式引用类 PackageClass，具体代码如下：

```
import com.dongsheng.test.*;        // 导入 com.dongsheng.test 中所有的公共类
public class ImportClassExam2
{
    public static void main(String[] args)
    {
        PackageClass pc = new PackageClass();        // 直接使用导入的类
        pc.show();
    }
}
```

2.5.3　访问权限

在 Java 中，访问控制修饰符（Access Modifiers）是一种用于控制类、接口、方法和变量可见性和访问性的机制。Java 中有四种访问权限，分别是 public、protected、default 和 private。本部分将介绍 Java 访问权限的基本概念、语法和用法，以及如何在不同的访问权限下访问类、接口、方法和变量。

1. 对类的访问控制

类的访问控制修饰符只有 public 和 default 两种。如果使用 public 修饰，则表示该类在包外也能被访问，如果不写访问控制修饰符，则该类只能在本包中使用。

将 public class PackageClass 中的 public 修饰符去掉，使该类只能在本包中使用，在编译 ImportClassExam2.java 时，编译器会报该包从外部无法访问的错误。

对于类的成员（属性和方法）而言，4 种访问控制修饰符都可以使用。下面按照权限由小到大的顺序对四种访问控制修饰符分别进行介绍。

（1）私有权限 private。

private 可以修饰属性、构造方法、普通方法。被 private 修饰的类成员只能在定义它们的类中使用，在其他类中不能访问。

在介绍封装的时候，已经使用了 private 这个私有的访问控制修饰符。对于封装良好的程序而言，一般将属性私有化，提供公有的 getter 和 setter 方法，供其他类调用。

下面的例子涉及构造方法的私有化问题。所谓构造方法私有化，就是说使用 private 修饰这个类的构造方法。

```
package com.dongsheng.test;


public class StapleFood
{
    String name;            //食品名称
    //构造方法私有化
    private StapleFood(String name)
    {
        this.name = name;
        System.out.println("食品名称为:"+ this.name);
    }
}
```

使用下面的代码测试 StapleFood 类，编译时报错，说明不能从类的外部访问私有构造方法：

```
import com.dongsheng.test.*;


public class StapleFoodExam
{
    public static void main(String[] args)
    {
        //使用构造方法创建产品对象
        StapleFood sf = new StapleFood("米糕");
    }
}
```

如果想在外部访问 StapleFood 类，则只能在这个类的内部实例化一个静态的 StapleFood 类对象，并提供一个静态的、公有的方法获取这个类的对象。具体代码如下：

```
package com.dongsheng.test;


public class StapleFood
{
    String name;                //食品名称
    static StapleFood sf = new StapleFood("米糕");
    //构造方法私有化
    private StapleFood(String name)
```

```
    {
        this.name = name;
        System.out.println("食品名称为:"+ this.name);
    }
    // 静态公有方法返回类对象
    public static StapleFood getStapleFood(){
        return sf;
    }
}
```

使用下面的代码获取 StapleFood 类对象，程序可以正确运行：

```
import com.dongsheng.test.*;

public class StapleFoodExam2
{
    public static void main(String[] args)
    {
        StapleFood sf = StapleFood.getStapleFood();
    }
}
```

注意： 本例中，StapleFood 类是一个单例模式的类。通过将构造方法私有化，这个类的实例创建只能在类的内部完成，并且用一个公有的方法返回这个类的实例。这样做可以保证这个类只有一个实例，其他类中允许再为这个类创建实例。

（2）默认权限 default。

属性、构造方法、普通方法都能使用默认权限，即不写任何关键字。默认权限也称为同包权限。同包权限的元素只能在定义它们的类中以及同包的类中被调用。下面以普通方法为例介绍同包权限。修改 StapleFood 类，代码如下：

```
package com.dongsheng.test;        //StapleFood 类在 com.dongsheng.test 包中
public class StapleFood
{
    String name;
    public StapleFood(String name)
    {
        this.name = name;
    }
    // 访问权限为 default
    void show ()
    {
```

```
                System.out.println("食品名称为:" + this.name);
        }
    }
```

使用下面的代码测试调用 StapleFood 类的默认访问权限的 show() 方法。注意,两个类不在同一个包中,编译时会报错。

```
import com.dongsheng.test.*;
public class StapleFoodExam3
{
    public static void main(String[] args)
    {
        StapleFood sf = new StapleFood("米糕");        // 使用构造方法创建食品对象
        sf.show ();
    }
}
```

在 void show() 方法前添加 public 关键字,编译并运行程序,可以正常运行。

（3）受保护权限 protected。

protected 可修饰属性、构造方法、普通方法,能在定义它们的类中以及同包的类中调用被 protected 修饰的成员。如果有不同包中的类想调用它们,那么这个类必须是这些成员所属类的子类。

（4）公共权限 public。

public 可以修饰属性、构造方法和普通方法。被 public 修饰的成员可以在任何一个类中被调用,是权限最大的访问控制修饰符。

2. 访问控制修饰符

在 Java 中,访问权限用于控制某个类、接口、方法或变量是否可以被其他类、接口、方法或变量访问。Java 中有四种访问权限,它们的可见性和访问性见表 2-1。

表 2-1　Java 访问控制修饰符

访问权限	可见性	访问性
public	所有类、接口、方法、变量都可见	所有类、接口、方法、变量都可访问
protected	当前包中的所有类、接口、方法、变量都可见,其他包中的子类也可见	当前包中的所有类、接口、方法、变量都可访问,其他包中的子类也可访问
default	当前包中的所有类、接口、方法、变量都可见	当前包中的所有类、接口、方法、变量都可访问
private	当前类中的所有方法和变量都可见	当前类中的所有方法和变量都可访问

其中,public 和 private 是最常用的两种访问权限,protected 和 default 用得比较少。

任务总结

Java 的包机制是一种组织和管理代码的方式,它允许开发人员将相关的类和接口组织在一起,并通过命名空间来避免命名冲突。包可以被看作是一个文件夹，其中包含了相关的类和接口等。四种访问权限范围从小到大的顺序是 private<default（默认访问权限）<protected<public。当变量前面不加任何修饰符时，该变量定义为默认访问权限。在子类中访问父类中的变量时需要用 super。

任务思考

Java 包机制的作用是什么？不同的访问控制修饰符是如何定义类的访问权限的？类与类成员的访问权限有什么不同？

任务 2.6　　　　　　　　　　　　接　口

任务描述

在开发农产品销售平台模块时，我们需要定义很多类和方法。根据模块的业务流程和功能定义，这些类和方法有时需要和其他程序进行交互。交互功能仅靠类本身或再定义新类是不能实现的，而接口可提供用于定义这些交互方式的一种编程规范。

学习资源

接口的定义及实现

接口与多态

相关知识

2.6.1　接口概述

接口简单来说就是一组方法的声明，这些方法没有方法体，所有实现这个接口的类都必须实现这些方法。接口不关心具体实现细节，只关心类的行为是否符合约定。因此，接口可以作为一个标准，定义了类应该遵循的规则和约定。

Java 接口（Interface）是一种引用类型，是方法的集合，用于定义一组规则，这些规则规定了实现该接口的类必须实现接口中的所有方法。一个类通过继承接口的方式，来继承接口的抽象方法。Java 接口定义的语法格式如下：

```
[修饰符]  interface 接口名 [extends] [接口列表]{
    接口体
}
```

interface 前的修饰符是可选的，当没有修饰符时，这表示此接口的访问只限于同包的类和接口。如果使用修饰符，则只能用 public 修饰符，表示此接口是公有的，在任何地方都可以引用它，这一点和类是相同的。

接口和类是同一层次的，所以接口名的命名规则参考类名的命名规则即可。

extends 关键词和类语法中的 extends 类似，用来定义直接的父接口。和类不同，一个接口可以继承多个父接口，当 extends 后面有多个父接口时，它们之间用逗号隔开。

接口体就是用大括号括起来的那部分，接口体里定义接口的成员，包括常量和抽象方法。

类实现接口的语法格式如下：

```
[类修饰符] class 类名 implements 接口列表 {
    类体
}
```

类实现接口用 implements 关键字。Java 中的类只能是单继承的，但一个 Java 类可以实现多个接口，这也是 Java 解决多继承的方法。

下面是模拟 USB 接口规范的创建和使用步骤。

（1）定义 USB 接口。

假设蓝牙接口通过 openDevice() 和 closeDevice() 两个方法提供服务，这时就需要在 USB 接口中定义这两个抽象方法，具体代码如下：

```
// 定义 USB 接口
interface USB {
    void openDevice();  // 连接 USB 设备
    void closeDevice();  // 断开 USB 连接
}
```

（2）定义 USB 鼠标类，实现 USB 接口。

```
class Mouse implements USB {
    @Override
    public void openDevice() {
        System.out.println("打开鼠标");
    }
    @Override
    public void closeDevice() {
        System.out.println("关闭鼠标");
    }
     public void click() {
        System.out.println("鼠标单击");
    }
}
```

（3）定义 USB 键盘类，实现 USB 接口。

```java
class KeyBoard implements USB {
    @Override
    public void openDevice() {
        System.out.println("打开键盘");
    }
    @Override
    public void closeDevice() {
        System.out.println("关闭键盘");
    }
     public void input() {
        System.out.println("键盘输入");
    }
}
```

编写测试类，对 USB 鼠标类和 USB 键盘类进行测试，代码如下：

```java
public class InterfaceExam
{
    public static void main(String[] args)
    {
        // 创建并实例化一个实现了 USB 接口的 USB 鼠标对象 mouse
        Mouse mouse = new Mouse();
        mouse.click();                    // 调用 mouse 的单击功能
        // 创建并实例化一个实现了 USB 接口的 USB 键盘对象 kb
        KeyBoard kb = new KeyBoard();
        kb.input();                       // 调用 kb 的输入功能
    }
}
```

2.6.2 接口的定义与使用

在农产品中，水果的种类很多，每种水果都有自己的特性和销售季节。水果大类本身是抽象的，我们可以采用接口来定义水果的行为特征。水果接口规定了所有的水果都必须实现的方法，包括种植 plant()、生长 grow()、采摘 pick()。Apple 类是水果中的一种，因此它实现了水果接口所声明的所有方法。另外，苹果类还有一个 showInfo() 方法，说明苹果的畅销季节。Grape 类是水果类的一种，也实现了 Fruit 接口中所声明的所有方法，并增加了一个无籽化处理方法 seedlessTreat()。

（1）定义水果接口。

```java
public interface Fruit
{
    void plant();  //种植
```

```
        void grow();   // 生长
        void pick();    // 采摘
}
```

（2）定义苹果类，实现 Fruit 接口。

注意：在实现接口中抽象方法的同时，苹果类本身还有一个 showInfo() 方法。

```
import java.util.Scanner;
// 定义 Apple, 实现 Fruit 接口
public class Apple implements Fruit
{
    @Override
    public void plant() {
        System.out.println("苹果的种植方式是，选择强壮的苹果苗木进行移植。");
    }
    @Override
    public void grow() {
        System.out.println("最适合在黄土高原、丘陵地带生长。");
    }
    @Override
    public void pick() {
        System.out.println("一般在夏季末及秋季收获。");
    }
    public void showInfo() {
        System.out.println("旺季在 9-10 月、春节期间、清明前后。");
    }
}
```

（3）定义 Grape 类。

```
public class Grape implements Fruit
{
    private boolean seedless;    // 是否有籽
    @Override
    public void plant() {
        System.out.println("绿枝劈接方法，是当前葡萄育苗的主要种植方法。");
    }
    @Override
    public void grow() {
        System.out.println("葡萄生长时所需最低气温为 12℃。");
    }
```

```
@Override
public void pick()  {
    System.out.println("葡萄一般在八月底、九月初开始采摘收获，可延续到十月中旬。");
}
// 有无籽的赋值方法
public void setSeedless(boolean seedless) {
    this.seedless = seedless;
}
// 是否有籽
public boolean getSeedless() {
    return seedless;
}
}
```

（4）编写测试类。

测试类代码创建并实例化出一个实现了 Fruit 接口的 Grape 类对象 grape，先调用 Grape 类的 setSeedless()，再输出 grape 对象的有籽 / 无籽信息。具体代码如下：

```
public class FruitInterfaceExam
{
    public static void main(String[] args)
    {
        // 创建并实例化一个实现了水果接口的对象 grape
        Grape grape = new Grape();
        // 调用 setSeedless() 方法
        grape.setSeedless(true);
        boolean flag=grape.getSeedless()
        if (flag)
                System.out.println("这是无籽葡萄。");
          else
            System.out.println("这是有籽葡萄。");
    }
}
```

2.6.3 接口的特征

接口有以下特征：

（1）接口用 interface 实现；

（2）接口中不可以有实例域或静态方法，但是可以有常量，接口中的常量自动被设置为 public static final，接口中的方法自动被设置为 public abstract；

（3）接口中不能有已实现的方法；

（4）接口没有构造方法，不能实例化，但是可以使用多态；

（5）可以声明一个接口的变量，接口变量必须引用实现了该接口的类对象；

（6）当类实现了某个 Java 接口时，它必须实现接口中的所有抽象方法，否则这个类必须声明为抽象类；

（7）一个类只能继承一个直接的父类，但可以实现多个接口，间接地实现了多继承；

（8）可以使用 instanceof 关键字检查一个对象是否实现了某个接口；

（9）一个接口不能实现（implements）另一个接口，但它可以继承多个其他接口；

（10）与继承关系类似，接口与实现类之间存在多态性。

下面以对象的比较为例，说明接口的使用特点。要比较两个 Apple 对象是否相同，定义了三个比较器（Comparator）类，分别用于比较两个对象的品名、颜色和单价。构造器类实现了 Comparator 接口。针对每个属性建立构造器比较两个对象，比通过实现 Comparable 接口来比较两个对象的方法更能适应业务逻辑的变化。

```java
//Apple.java
public class Apple{
    String name;
    String color;
    float price;
    public Apple(String name,String color,float price ) {
        this.name = name;
        this.color = color;
        this.price=price;
    }
    @Override
    public String toString() {
        return"Apple {"+"name="+ name +"\\"+", color="+ color +"\\"+",price="+
price+"}";
    }
}
//InterfaceAppExam.java
import java.util.Comparator;
// 比较器（品名）
class NameComparator implements Comparator<Apple> {
    @Override
    public int compare(Apple o1, Apple o2) {
        return o1.name.compareTo(o2.name);
    }
}
// 比较器（颜色）
class ColorComparator implements Comparator<Apple> {
```

```
        @Override
        public int compare(Apple o1, Apple o2) {
            return o1.color.compareTo(o2.color);
        }
    }
    // 比较器（单价）
    class PriceComparator implements Comparator<Apple> {
        @Override
        public int compare(Apple o1, Apple o2) {
            return (int)(o1.price-o2.price);
        }
    }

    public class InterfaceAppExam {
        public static void main(String[] args) {
            Apple a1 = new Apple("富士","深红",15.2);
            Apple a2 = new Apple("嘎啦","浅黄",9.8);
            NameComparator nameComparator = new NameComparator();
            ColorComparator colorComparator = new ColorComparator();
            PriceComparator priceComparator = new PriceComparator();
            System.out.println(nameComparator.compare(a1, a2));
            System.out.println(colorComparator.compare(a1, a2));
            System.out.println(priceComparator.compare(a1, a2));
        }
    }
```

上例中采用比较器（Comparator）比较两个对象的对应属性值是否相同，如果每个构造器对象的返回值都等于 0，则两个对象相同。本例中要先导入 java.util.Comparator 包。

2.6.4　接口的应用

接口也可应用于 Java 设计模式中。例如，在工厂方法模式中，核心的工厂类不再负责所有产品的创建，而是将具体创建的工作交给子类去做。这个核心工厂则变为抽象工厂角色，仅负责给出工厂子类必须实现的接口，而不涉及具体产品创建的细节。

以农产品销售平台中的水果管理为例，在简单工厂模式中，有一个全能的园丁，控制所有水果作物的种植、生长和采收。现在农场规模变大了，管理更加专业化了。过去全能的园丁没有了，现在每一种水果作物都有专门的园丁管理，形成了规模化和专业化生产。水果工厂方法模式如图 2-5 所示。

在水果工厂方法模式中，水果产品的定义参见 2.6.2 接口的定义与使用。下面我们创建水果工厂接口和水果工厂类，代码如下：

```
public interface FruitGardener {
```

```
        public Fruit factory();
}

// 苹果工厂: AppleGardener.java
public class AppleGardener implements FruitGardener {
    public Fruit factory() {
        Fruit f = new Apple();
        System.out.println("水果工厂（AppleGardener）成功创建一个水果: 苹果! ");
        return f;
    }
}

//葡萄工厂: GrapeGardener.java
public class GrapeGardener implements FruitGardener {
  public Fruit factory() {
        Fruit f = new Grape();
        System.out.println("水果工厂（GrapeGardener）成功创建一个水果: 葡萄! ");
        return f;
    }
}


// 测试类: FruitFactoryAppExam.java
public class FruitFactoryAppExam {
        private static FruitGardener f1, f2;
        private static Fruit p1, p2;
        public static void main(String args[]) {
                // 实例化水果工厂
                f1 = new AppleGardener();
                f2 = new GrapeGardener();
                // 从水果工厂生产水果
                p1 = f1.factory();
                p2 = f2.factory();
```

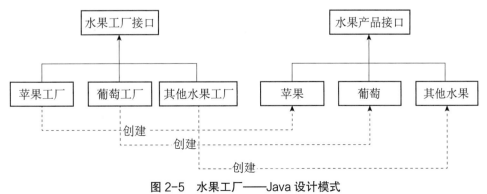

图 2-5　水果工厂——Java 设计模式

任务总结

Java 中面向对象编程的一个重要概念就是"接口隔离原则"，即一个类只需要依赖它需要的接口，而不需要依赖其他接口。这使得程序更具有可扩展性和可维护性。接口既可以提高系统的可维护性，也可以使系统的可扩展性更加灵活。同时，接口还可以提高代码的可读性，降低代码的耦合度。

Java 接口是一组方法的抽象，它定义了一个协议或一种方式，用来交流和交换信息。接口可以帮助我们实现多态性、代码的一致性和可扩展性。在 Java 中，一个类可以实现多个接口，并且接口可以使用继承关系。Java 8 增加了接口默认方法、静态方法，使得接口更加强大和灵活。

任务思考

为什么要使用接口？接口与类的区别是什么？接口与抽象类有哪些区别？什么是标记接口（Marker Interface，又称标签接口（Tag Interface）），它的作用是什么？

任务 2.7　　　　　　　　　　　　**内部类与匿名内部类**

任务描述

农产品销售平台中有很多类，其中一些类的成员可能是另一个（或一些）类的对象。这时，就用到了内部类。例如，我们可以将水果 Fruit 定义为外部类，将苹果 Apple 定义为静态内部类，将香蕉 Banana 定义为成员内部类。

学习资源

内部类

相关知识

2.7.1　内部类概述

1. 概念

Java 内部类（Inner Class）是指定义在另一个类内部的类，它允许在一个类的内部定义另一个类。内部类可以访问外部类的成员变量和方法，并且可以用来实现一些特定的功能。定义内部类的常见格式如下：

```
class Outer {// 外部类
```

```
class Inner {// 内部类
        // 方法和属性

    }

}
```

上面的代码中，Outer 是普通的外部类，Inner 就是内部类。它与普通外部类最大的不同在于，其实例对象不能单独存在，必须依附于一个外部类的实例对象。

内部类可以很好地实现隐藏，一般的非内部类是不允许有 private 与 protected 权限的，但内部类却可以，而且内部类还拥有外部类中所有元素的访问权限。总之，对内部类的很多访问规则都可以参考变量和方法。

但是要注意，虽然我们使用内部类可以使程序结构变得更加紧凑，但却在一定程度上破坏了面向对象的思想。

2. 优点

内部类的存在，具有如下优点：

（1）使用内部类最大的优点就是可以实现多重继承问题：它可以使我们的类继承多个普通类或抽象类。

（2）可以解决同时继承类和实现接口的时候，类和接口中出现同名方法的问题。

（3）内部类提供了更好的封装和隐藏，除了外部类，其他类都不能访问内部类。另外，一般外部类是不允许有 private 和 protected 权限的，但是内部类可以。

（4）对于内部类中的属性和方法，即使是外部类也不能直接访问。相反，内部类拥有外部类所有元素的访问权限，可以直接访问外部类的属性和方法，即使是 private。

（5）内部类可以有多个实例，每个实例都有自己的状态信息，并且与其他外部类对象的信息相互独立。

3. 分类

Java 内部类（Inner Class）可以分为四种类型：成员内部类（Member Inner Class）、静态内部类（Static Inner Class）、局部内部类（Local Inner Class）和匿名内部类（Anonymous Inner Class）。

4. 内部类的特点

相比外部类，内部类具有如下特点：

（1）内部类定义在成员变量位置，可以直接访问外部类成员，可以被 private 和 static 修饰，被 static 修饰的内部类只能访问外部类中的静态成员。

（2）内部类定义在局部位置，可以直接访问外部类成员，不可以被 private 和 static 修饰，可以访问局部类中的局部变量，但必须是被 final 修饰的。

（3）匿名内部类必须实现或继承一个类或接口，简单来说，就是创建一个外部类或实现接口的子类的匿名对象。

5. Java 类的创建要求

我们在创建 Java 类时，应该遵循如下要求：

（1）一个 java 文件中可以编写多个类，但只能有一个类使用 public 关键词进行修饰，称之为主类。

（2）主类名必须与文件名一致，在开发中，应尽量只在一个 java 文件中编写一个类。

（3）外部类只有两种访问级别：public 和默认。内部类则有 4 种访问级别：public、protected、

private 和默认。

（4）在外部类中，可以直接通过内部类的类名来访问内部类。

（5）在外部类以外的其他类中，需要通过内部类的完整类名来访问内部类。

（6）内部类与外部类不能重名。

下面介绍这几种内部类的用法。

2.7.2 成员内部类

1. 概念

成员内部类是定义在另一个类中的类。它可以访问该外部类的所有成员变量和方法，即使它们被声明为私有。

2. 创建过程

可通过以下步骤创建成员内部类：

（1）在外部类中使用关键字 class 创建一个成员内部类。

（2）调用外部类的构造函数或方法来创建成员内部类对象。

（3）可以使用 new 运算符创建成员内部类对象。

注意：

- 内部类可以使用外部类的 private 成员（包括私有方法和变量）。
- 外部类不能直接访问内部类的成员。在外部类中，必须先创建内部类对象，然后才能访问内部类的成员。
- 使用内部类时应仔细考虑垃圾回收问题。如果内部类对象在外部类对象之外被引用，则可能会导致内存泄漏。

3. 语法

如果是在外部类中，那么创建成员内部类对象的基本语法格式如下：

```
内部类 对象名 = new 内部类();
```

如果是在外部的其他类中，或者是在外部类的静态方法中，那么创建成员内部类对象的基本语法格式如下：

```
内部类 对象名 = new 外部类().new 内部类();
```

2.7.3 局部内部类

1. 概念

局部内部类是在代码块、方法或构造函数中定义的类。它只在该块中可见，并且通常用于解决特定问题。

2. 创建过程

可通过以下步骤创建局部内部类：

（1）在代码块、方法或构造函数中使用关键字 class 创建一个局部内部类。

（2）调用该块的方法或构造函数来创建局部内部类对象。

注意：

- 局部内部类不能用 public、protected 或 private 修饰。
- 局部内部类只能在声明它的块中实例化。
- 可以访问外部类的所有成员，包括私有成员。

3. 语法

创建局部内部类对象的基本语法格式如下：

```
public class PartClass {
    public void method(){
        // 在方法中定义的内部类，就是局部内部类
        class Inner {
            // 属性
            ...
            // 方法
        }
    }
}
```

2.7.4　匿名内部类

1. 概念

匿名内部类是没有名称的局部内部类。它通常在创建对象时使用，并且只能实例化一次。

2. 创建过程

可通过以下步骤创建匿名内部类：

（1）使用关键字 new 和要实现的接口或继承的基类来创建一个对象。

（2）在大括号中编写代码块实现接口或继承的基类的方法。

注意：

- 匿名内部类通常用于事件处理程序和回调函数中。
- 不能为匿名内部类定义构造函数。
- 可以访问外部类的成员变量和方法，但只能访问最终变量（也就是值不会改变的变量）。
- 匿名内部类可以实现接口或继承一个类，但不能同时实现接口和继承一个类。
- 如果要在匿名内部类中使用一个局部变量，则该变量必须声明为 final。

3. 语法

匿名内部类通常有两种实现方式：继承一个类，重写其方法；实现一个或多个接口，并实现其方法。

创建匿名内部类对象的基本语法格式如下：

```
new< 类或接口 >(){
    重写类或接口的方法
```

```
    }
```

2.7.5　静态内部类

1. 概念

静态内部类是静态声明的类，与外部类实例无关。它与其他静态成员类似，可以通过类名引用。

2. 创建过程

可以通过以下步骤创建静态内部类：

（1）在外部类中使用关键字 static 和 class 创建一个静态内部类。

（2）使用外部类的名称和点运算符来访问静态内部类。

注意：

- 静态内部类不能直接访问外部类的非静态成员。要访问外部类的非静态成员，需要首先创建外部类对象。
- 可以将静态内部类用作外部类的辅助类，但是，如果静态内部类不依赖于外部类实例，则最好将其声明为静态成员。
- 因为静态内部类不引用外部类实例，所以它可以防止内存泄漏等问题。

3. 语法

创建静态内部类对象的基本语法格式如下：

```
内部类 对象名 = new 外部类.内部类();
```

2.7.6　内部类案例

下面是一个内部类的示例，外部类为 Fruit，包含静态内部类和成员内部类。

```java
public class Fruit {
    // 静态内部类
    public static class Apple {
        public void eat() {
            System.out.println("Eating an apple.");
        }
    }


    // 成员内部类
    public class Banana {
        public void peel() {
            System.out.println("Peeling a banana.");
        }
    }
```

```
public static void main(String[] args) {
    // 创建并使用静态内部类的实例
    Apple apple = new Apple();
    apple.eat();
    // 创建并使用成员内部类的实例
    // 需要先创建外部类的实例
    Fruit fruit = new Fruit();
    Banana banana = fruit.new Banana();
    banana.peel();
    }
}
```

在这个例子中，Apple 是一个静态内部类，可以直接通过 Fruit.Apple 进行访问，而 Banana 是一个成员内部类，它必须依附于外部类的实例。在 main () 方法中，我们创建了 Apple 和 Banana 的实例并调用了它们的方法。

任务总结

当两个事物产生 A has B 的关系的时候，我们就需要用到内部类了。内部类体现了一种代码的隐藏机制和访问控制机制，内部类与所在外部类有一定的关系：外部类可以访问内部类成员，内部类也可以直接访问外部类的成员（属性、方法）；外部类访问成员内部类，需要创建内部类对象后再访问，即 new InnerClass()；外部其他类访问成员内部类，需要先创建外部类对象，然后创建内部类对象后再访问，即 InnerClass inner=new OuterClass().new InnerClass();。

任务思考

为什么要使用内部类？内部类有哪几种类型？内部类有哪些应用场景？为什么说使用内部类使得 Java 多继承的解决方案更加完整？内部类的继承关系与普通类的继承关系有何不同？

素养之窗

积累、突破与创造：2023 年度大国工匠年度人物彭菲

彭菲 2010 年从清华大学医学院生物医学工程系毕业后，进入汉王科技股份有限公司担任算法工程师。通过日复一日的积累、打磨、攀登，她在人工智能算法方面的技术水平不断提高。汉王"人脸通"作为全球首款嵌入式人脸识别产品，虽然打破了国外技术垄断，但因算法适配芯片难度大，算力要求高，只能依赖进口芯片。为了破除这种依赖，实现真正的国产化，彭菲和团队从底层技术入手，历经 6 个月的科研攻关，最终使低成本、低功耗的全国产人脸识别解决方案成功面世。经过多年的发展和沉淀，APEC 峰会、G20 峰会等很多大型活动都使用了彭菲的技术方案，搭载算法团队心血的汉王人脸识别产品销往全球 50 多个国家和地区，也进入我们的日常生活中。

面向对象是 Java 的核心技术，我们应该像彭菲那样，不怕困难，潜心钻研"卡脖子"技术，不断攀登科研高峰。

单元实训

≫ 实训：用 Java 接口模拟防盗门设计

实训要求： 模拟一家大型门业制造公司，可以根据用户需求定制具有各种功能的门。说明如下：

定义通用的门 Door 类，具有门最基本的功能——开 / 关，分别对应抽象方法：openDoor( ) 和 closeDoor( )。

公司设计开发了各种功能模块组件，可供用户选配并安装在门上。

功能：防盗门是一扇门，有锁，具有开门、关门的功能，具备上锁、开锁的能力（如图 2-6 所示）。

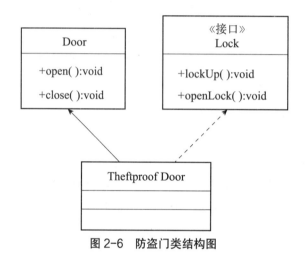

图 2-6　防盗门类结构图

单元小结

1. 类与对象

Java 是面向对象程序设计语言，类和对象是 Java 程序的构成核心。类是同一类对象的抽象，由属性和方法两部分组成。

2. 封装

封装，即隐藏对象的属性和实现细节，仅对外公开接口，控制在程序中属性的读和修改的访问级别。

3. 构造方法

每个类都有构造方法，在创建该类的对象的时候它们将被调用。如果没有定义构造方法，Java 编译器会提供一个默认构造方法。创建一个对象的时候，至少调用一个构造方法。

4. 对象的初始化

在类被装载、连接和初始化时，这个类就可以使用了。对象实例化和初始化是对象生命的起始阶段的活动。

5. 方法调用

一个完整的方法通常包括方法名称、方法主体、方法参数和方法返回值类型。方法被定义好之后，需要调用才可以生效。我们可以通过 main () 方法（main () 方法是 Java 程序的入口，所以需要用它来调用）来调用它。

6. 方法重写

子类可以继承父类的方法，但如果子类对父类的方法不满意，想在里面加入适合自己的一些操作时，就需要将方法进行重写。同时，子类在调用方法中，优先调用子类的方法。

7. 类型转换

将一个类型转换成另一个类型的过程被称为类型转换。我们所说的对象类型转换，一般是指两个存在继承关系的对象，而不是任意类型的对象。如果两个类型之间没有继承关系，就不允许进行类型转换，否则会抛出强制类型转换异常（java.lang.ClassCastException）。

8. 多态

多态是指允许不同类的对象对同一消息做出响应，即同一消息可以根据发送对象的不同而采用多种不同的行为方式。多态也称作动态绑定（dynamic binding），是指在执行期间判断所引用对象的实际类型，根据其实际的类型调用相应的方法。

9. 接口

接口（Interface）在 Java 编程语言中是一个抽象类型，是抽象方法的集合，接口通常以 interface 来声明。一个类通过继承接口的方式，来继承接口的抽象方法。

10. 内部类

内部类分为成员内部类、局部内部类、匿名内部类和静态内部类：

（1）成员内部类和匿名内部类在本质上是相同的，都必须依附于外部类的实例，会隐含地持有 Outer.this 实例，并拥有外部类的 private 访问权限。

（2）静态内部类是独立类，但拥有外部类的 private 访问权限。

（3）如果外部类和内部类中的成员重名，那么内部类访问时默认会遵循就近原则；如果想访问外部类的成员，则可以用"外部类名 . 成员"的形式来访问。

课后巩固

扫一扫，完成课后习题。

单元 2　课后习题

单元 3　异常处理

▶ 单元导入

在农产品销售平台开发过程中，异常处理是至关重要的部分。例如，用户输入不可预知，文件和网络操作失败，数据库操作错误，方法调用异常，处理远程服务调用异常等。通过学习，读者能够设计和开发具有一定异常处理功能的 Java 面向对象应用程序，以提高程序的稳定性与可靠性。

学习目标

◆ **知识目标**
- 理解和掌握 Java 异常处理机制；
- 掌握常见异常类的使用；
- 掌握自定义异常的方法。

◆ **技能目标**
- 能够使用 try-catch-finally 定义异常处理程序；
- 会识别和使用常见异常；
- 会自定义异常。

◆ **素养目标**
- 熟悉 Java 应用软件开发过程，具备工程化思想；
- 把简单的事做好，把平常的事做好，就成就了不平凡；
- 树立"追求完美"的理念，不放过学习或工程实践中可能存在的细小瑕疵。

知识导图

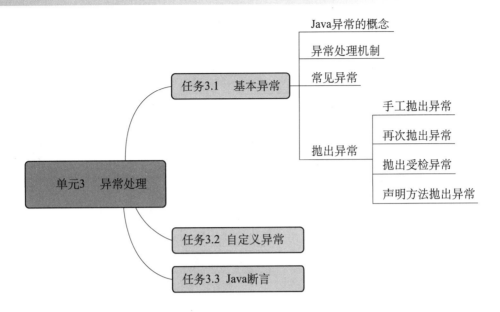

任务3.1　基本异常

任务描述

在农产品销售平台运行过程中，可能会出现一些错误，如文件找不到、网络连接失败、非法参数等。Java 提供了异常处理机制，通过引用 API 中 Throwable 类的各子类对象来捕获和处理基本异常。

学习资源

异常的概念

基本异常的使用

相关知识

3.1.1　Java 异常的概念

在 Java 中，异常（Exception）是指程序执行过程中可能出现的不正常情况或错误。它是一个事件，会干扰程序的正常执行流程，并可能导致程序出现错误或崩溃。Java 通过 API 中 Throwable 类及其子类构成了异常类的层次结构。异常在 Java 中是以对象的形式表示的，这些对象是从 java.lang.

Throwable 类或其子类派生而来的。

Java 异常类的层次结构如图 3-1 所示。

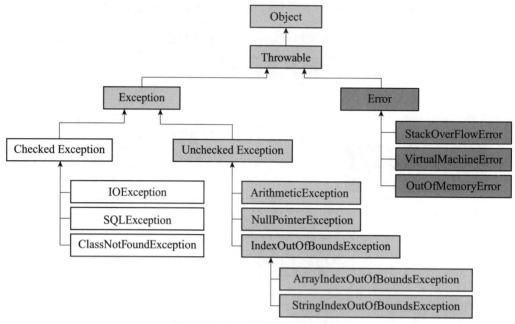

图 3-1　Java 异常类的层次结构

Java 的所有异常类都是 Throwable 的子类。它包括 Java 异常处理的两个重要子类：Error 和 Exception。

Error（错误）：是程序无法处理的错误，表示运行应用程序中较严重的问题。大多数错误与代码编写者执行的操作无关，而表示代码运行时 JVM（Java 虚拟机）出现的问题。例如，Java 虚拟机运行错误（VirtualMachineError），当 JVM 不再有继续执行操作所需的内存资源时，将出现 OutOfMemoryError。这些异常发生时，JVM 一般会选择线程终止。这些错误表示故障发生于虚拟机自身或者发生在虚拟机试图执行应用时，如 Java 虚拟机运行错误（VirtualMachineError）、类定义错误（NoClassDefFoundError）等。这些错误是未经检查的，因为它们在应用程序的控制和处理能力之外，而且绝大多数是程序运行时不允许出现的状况。对于设计合理的应用程序来说，即使确实发生了错误，程序本质上也不应该试图去处理它所引起的异常状况。在 Java 中，错误通过 Error 的子类描述。

Exception（异常）：是程序本身可以处理的异常情况。Exception 类有一个重要的子类 RuntimeException。RuntimeException 类及其子类表示"JVM 常用操作"引发的错误。例如，若试图使用空值对象引用、除数为零或数组越界，则分别引发运行时异常（NullPointerException、ArithmeticException）和 ArrayIndexOutOfBoundsException。

注意： 异常与错误的区别是，异常可以通过程序自身捕获处理，而错误是程序自身无法处理的。

Java 异常分为受检异常（Checked Exception）和非受检异常（Unchecked Exception）。

（1）受检异常（编译器要求必须处置的异常）：如果一个方法可能会抛出不是 RuntimeException 的异常，那么这个异常被称为受检异常（Checked Exception）。除了 Exception 中的 RuntimeException 及其子类以外，其他的 Exception 类及其子类（如 IOException 和 ClassNotFoundException）都属于受检异常。这种异常的特点是 Java 编译器会检查它，也就是说，当程序中可能出现这类异常时，要么用 try-catch 语句捕获它，要么用 throws 子句声明抛出它，否则编译不会通过。

（2）非受检异常（编译器不要求强制处置的异常）：在 Java 中，抛出（throw）一个异常时，如果该异常是 RuntimeException 或其子类实例，那么这个异常通常被称为非受检异常（Unchecked Exception）。

这类异常不需要在方法签名中声明，因为编译器不会强制要求方法的调用者处理它们。非受检异常包括运行时异常（RuntimeException 与其子类）和错误（Error）。RuntimeException 表示编译器不会检查程序是否对 RuntimeException 做了处理，在程序中不必捕获 RuntimeException 类型的异常，也不必在方法体声明中抛出 RuntimeException 类。RuntimeException 发生的时候，表示程序中出现了编程错误，所以应该找出错误并修改程序，而不是去捕获 RuntimeException。

3.1.2　异常处理机制

Java 异常处理机制用于处理程序编译或运行时可能出现的异常情况。当程序运行中出现异常时，就会抛出一个异常对象，如果不加以处理，程序就会终止运行。因此，我们需要使用异常处理机制来捕获并处理这些异常，以使程序在出现异常时能够继续运行。

对于错误、非受检异常、受检异常，Java 的异常处理方式有所不同。

（1）错误：Error 通常表示 JVM 无法恢复的严重问题，比如 OutOfMemoryError 和 StackOverflow-Error。一般不建议捕获，因为这些错误通常表示系统状态不稳定，无法通过代码恢复。

（2）非受检异常：为了更合理、更容易地实现应用程序，Java 规定，非受检异常将由 Java 运行时系统自动抛出，允许应用程序忽略非受检异常。

（3）受检异常：Java 中规定，对于所有的受检异常，必须在方法中进行捕获，或者声明抛出异常（不在方法中捕获时）。

Java 的异常处理机制通过抛出异常、捕获异常来实现。

（1）抛出异常：在 Java 中，抛出异常是指在代码中显式地使用 throw 关键字将一个异常对象抛出。当代码执行到 throw 语句时，程序会立即停止当前代码块的执行，并将异常抛出给调用者处理。

通常情况下，抛出异常是在检测到某种异常情况时，无法继续正常执行代码时使用。例如，在输入参数非法、资源不可用、网络连接断开等情况下，可以抛出相应的异常来通知调用者进行处理。

抛出异常的方法主要有 throws、throw 两种。

1）throws：在 Java 中，throws 关键字用于声明方法可能抛出的异常，通过在方法声明中使用 throws 关键字，可以将异常的处理责任交给方法的调用者。throws 语句的语法如下所示：

```
修饰符 返回类型 方法名（参数列表）throws 异常类型 1，异常类型 2，...
```

其中，异常类型是指方法可能抛出的异常类。可以在 throws 语句中声明多个异常类型，使用逗号进行分隔。

2）throw：在 Java 中，throw 语句用于手动抛出异常。使用 throw 语句可以中断当前代码的执行，并将指定的异常对象抛出到调用者。throw 语句的语法如下：

```
throw 异常对象；
```

【例 1】 throws 方法抛出异常。

```
public class ExceptShootExam {
    static void pop() throws ArrayIndexOutOfBoundsException {
        int[] array = [1, 2, 3];
        int a=array[3];
    }
```

```
public static void main(String[] args) {
    try{
        pop();
    }catch(ArrayIndexOutOfBoundsException e){
        System.out.println("pop() 方法抛出的异常");
    }
    }
}
```

本例中，因数组下标越界而产生异常。

【例 2】 throw 方法抛出异常。

```
public class ExceptShootExam2 {
    public static void main(String[] args) {
        int x1 =10;
        int x2 = 0;
        try {
            if (x2 == 0) throw new ArithmeticException(); // 通过 throw 语句抛出异常
            System.out.println("x1/x2 的值是: "+ x1 / x2);
        }
        catch (ArithmeticException e) { // catch 捕捉异常
            System.out.println("程序出现异常，表达式被 0 除。");
        }
        System.out.println("程序正常结束。");
    }
}
```

本例中，因除数为 0 产生异常。

（2）捕获异常：当异常对象被抛出后，它会被传递到调用者的调用栈中。调用者可以选择使用 try-catch 语句块来捕获并处理异常，或者继续将异常向上一级调用栈传递。异常捕获是指在程序中设置异常处理器（exception handler）来捕获和处理抛出的异常。当异常被捕获时，程序会转到相应的异常处理模块执行。

一个方法所能捕获的异常，一定是 Java 代码在某处所抛出的异常。异常总是先被抛出，后被捕获的。

3.1.3 常见异常

在 Java 程序设计中，异常是客观存在的。当程序遇到错误或异常情况时，Java 会抛出异常对象来指示问题的发生。了解常见的 Java 异常类型以及如何处理它们，是编写健壮、可靠代码的关键。

1. 常见的受检异常（Checked Exception）

（1）IOException（输入输出异常）。

当发生输入或输出操作失败时，如文件读写错误或网络连接问题，程序会抛出 IOException。该异常可以使用 try-catch 语句捕获并处理，或者在方法声明中使用 throws 关键字声明抛出。

（2）SQLException（SQL 异常）。

SQLException 是处理数据库操作时可能发生的异常，如连接数据库失败、执行 SQL 语句错误等。处理方法与 IOException 类似，该异常可以使用 try-catch 语句捕获并处理，或者在方法声明中抛出。

（3）ClassNotFoundException（类未找到异常）。

当试图加载某个类，但找不到该类时，程序会抛出 ClassNotFoundException。常见的情况是未正确配置类路径或引入依赖库。该异常可以通过检查类路径或引入正确的库来解决。

2. 常见的非受检异常（Unchecked Exception）

（1）NullPointerException（空指针异常）。

当尝试访问空引用或未初始化的对象时，程序会抛出 NullPointerException。为了避免该异常，我们应该在使用对象之前进行非空判断。

（2）ArrayIndexOutOfBoundsException（数组越界异常）。

当尝试访问数组的索引超出有效范围时，程序会抛出 ArrayIndexOutOfBoundsException。为了避免该异常，我们应该确保使用合法的数组索引。

（3）ArithmeticException（算术异常）。

当进行除零操作或其他不合法的数学运算时，程序会抛出 ArithmeticException。为了避免该异常，我们应该在进行除法运算之前进行适当的检查。

3.1.4　抛出异常

在 Java 中，抛出异常是指在代码中显式地使用 throw 关键字将一个异常对象抛出。当代码执行到 throw 语句时，程序会立即停止当前代码块的执行，并将异常抛出给调用者处理。通常情况下，抛出异常是在检测到某种异常情况而无法继续正常执行代码时使用。例如，在输入参数非法、资源不可用、网络连接断开等情况下，程序可以抛出相应的异常来通知调用者进行处理。

1. 手工抛出异常

在 Java 语言中，可以使用 throw 关键字手工抛出一个异常。手工抛出异常的语法格式为：

```
throw 异常对象
```

例如，手工抛出一个数字格式异常的代码为：

```
throw new NumberFormatException ()
```

观察下面的代码，通过 throw new NumberFormatException ("numberformat exception"); 语句，手工抛出一个数字格式异常，指定信息为"numberformat exception"。catch 语句块对数字格式异常进行捕获，输出异常对象 e.getMessage() 的值，程序代码如下：

```
public class ExceptShootExam3
{
    public static void main(String[] args)
    {
```

```
        System.out.print("Now,");
        try{
            System.out.print("the");
            // 抛出一个数字格式异常，指定信息为"numberformat exception"
            throw new NumberFormatException ("numberformat exception");
            //System.out.print("此句不会被执行！");
        }catch(NumberFormatException e){          // 捕获抛出的数字格式异常
            System.out.print(e.getMessage());
        }
        System.out.print("is occured. \n");
    }
}
```

2. 再次抛出异常

catch 语句捕获到异常对象 e，在 catch 语句块的处理程序中，可以使用 throw e; 语句再次将异常抛出，以便它能被外部 catch 语句捕获。再次抛出异常最常见的情况是，允许多个程序处理一个异常，也就是说，当发生异常时，不仅要处理某个方面的问题，还要对异常进行其他处理。通过对下面代码的分析，了解如何在两个方法中处理同一个异常。

```
public class ExceptShootExam4{
    public static void showBrands()
    {
        try{
            String brands[]={"福临门","北大荒","金龙鱼","国宝桥","华润五丰"};
            for(int i = 0;i < 5;i++){
                System.out.println(brands[i]);
            }
        }catch(ArrayIndexOutOfBoundsException e)       // 捕获数组下标越界异常
        {
            System.out.println("ex1()方法中处理数组下标越界异常！");
            throw e;                        // 再次抛出该数组下标越界异常
        }
    }

    public static void main(String[] args)
    {
        try{
            showBrands();
        }catch(ArrayIndexOutOfBoundsException e)       // 再次捕获数组下标越界异常
```

```
        {
            System.out.println("main() 方法中处理数组下标越界异常！");
        }finally{
            System.out.println("程序运行结束！");
        }
    }
}
```

在该段程序中，showBrands() 方法中的异常处理代码块捕获并处理了数组下标越界异常，在处理结束后，又将该异常抛出给调用 showBrands() 方法的 main() 方法进行异常处理，main() 方法中的异常处理代码块又捕获并处理了数组下标越界异常。从程序运行结果可以看出，在 showBrands() 方法中执行了异常捕获处理代码，main() 方法未捕获到抛出的异常。

3. 抛出受检异常

在 Java 中，抛出（throws）受检异常（Checked Exception）通常指的是除了 RuntimeException 及其子类以外的异常。对于受检异常，编译器会强制要求方法的调用者通过 throws 关键字声明这些可能会被抛出的异常，或者用 try-catch 块捕获它们。例如，下面的例子中，main() 方法通过 throws 关键字声明可能抛出的异常。

```
public class ExceptShootExam5 {
    // 这里要利用 throws 关键字抛出 Exception
    @SuppressWarnings("finally")
    public static void main(String[] args) throws Exception {
        // 定义一个异常变量，存储 catch 中的异常信息
        Exception origin = null;
        try {
            int a=100/0;
            System.out.println("a="+a);
        } catch (Exception e) {
            System.out.println("执行 catch 代码，异常信息："+e.getMessage());
            // 存储 catch 中的异常信息
            origin = e;
            // 抛出 catch 中的异常信息
            throw e;
        } finally {
            System.out.println("若非特殊情况，则一定会执行 finally 里的代码");
            Exception e = new IllegalArgumentException();
            if (origin != null) {
                // 将 catch 中的异常信息添加到 finally 中的异常信息中
                e.addSuppressed(origin);
            }
```

```
        // 抛出 finally 中的异常信息，注意此时需要在方法中利用 throws 关键字抛出 Exception
            throws e;
        }
    }
}
```

本例首先定义了一个 Exception 类的 origin 变量来保存原始的异常信息，然后调用 Throwable 对象中的 addSuppressed() 方法，把原始的异常信息添加进来，最后在 finally 中继续抛出，并利用 throws 关键字抛出异常。

4. 声明方法抛出异常

对于方法中不想处理的异常，除了可以利用 throws 关键字抛出之外，还有别的办法吗？其实我们还可以在该方法的头部，利用 throws 关键字来声明这个不想处理的异常，把该异常传递到方法的外部进行处理。在 Java 中，我们可以使用 throws 关键字在方法声明中指定可能抛出的异常。这告诉调用者该方法可能会产生异常，需要调用者进行相应的处理。

throws 关键字的基本语法如下：

```
返回值类型 methodName(参数列表) throws Exception1,Exception2,...{...}
```

从语法中可以看出，在一个方法中程序可以利用 throws 关键字同时声明抛出多个异常：Exception1，Exception2……多个异常之间利用逗号","分隔。如果被调用方法抛出的异常类型在这个异常列表中，则必须在该方法中捕获或继续向上层调用者抛出异常。而这里继续声明抛出的异常，可以是方法本身产生的异常，也可以是调用的其他方法抛出的异常。

在读写文件时可能会遭遇一些异常，例如文件找不到、读写错误等，我们用声明方法抛出异常的方式来捕获、处理异常，具体代码如下：

```java
import java.io.BufferedReader;
import java.io.FileNotFoundException;
import java.io.FileReader;
import java.io.IOException;
public class ExceptShootExam6 {
    public static void main(String[] args) {
        try {
            // 在调用 readFile 的上层方法中进行异常的捕获
            readFile();
        } catch (FileNotFoundException e) {
            e.printStackTrace();
        } catch (IOException e) {
            e.printStackTrace();
        }
    }
```

```
// 运用 throws，抛出了两个异常
public static void readFile() throws FileNotFoundException,IOException {
    // 定义一个缓存流对象
    BufferedReader reader = null;
    // 对接一个 file.txt 文件，该文件可能不存在
    reader = new BufferedReader(new FileReader("file.txt"));
    // 读取文件中的内容。所有的 I/O 流都可能会产生 I/O 流异常
    String line = reader.readLine();
    while (line != null) {
        System.out.println(line);
        line = reader.readLine();
    }
}
```

在上面的案例中，在 readFile() 方法中进行了 I/O 流的操作，出现了两个可能的异常，利用 throws 关键字声明方法进行异常抛出。main() 方法作为调用 readFile 的上层方法，对异常进行捕获。当然，如果 main() 方法也不捕获这两个异常，该异常就会继续向上抛，抛给 JVM 虚拟机，由虚拟机进行处理。

任务总结

Java 异常处理机制主要依赖于 try、catch 和 finally 块。try 块中包含可能引发异常的代码，catch 块用于捕获并处理特定类型的异常，而 finally 块无论是否发生异常都会执行。throw 和 throws 都是 Java 中用于异常处理的关键字，它们的作用不同。throw 用于抛出异常对象，主要用于在代码中手动抛出异常。throws 用于声明方法可能会抛出哪些异常，在方法调用栈中往上层抛出异常，依赖于调用该方法的上层代码去处理。

任务思考

错误与异常的区别是什么？ Java 提供的异常类能处理所有异常吗？什么是异常处理机制？异常有哪几种类型？抛出异常有哪几种方法？

任务 3.2　自定义异常

任务描述

虽然 Java 提供了多种预定义异常类，但并不能满足农产品销售平台的需求。例如，在录入某些商

品数据时，可能会超过正常值；客户在转账支付时，信用卡余额不够；因为一个事务中某个环节出现异常，而导致整个事务提交失败；等等。这些异常，都需要用户自己根据业务流程和模块功能需求进行定义。

学习资源

自定义异常

相关知识

在 Java 中，自定义异常是指用户根据自己的需求创建的异常类。Java 提供了一些预定义的异常类，如 NullPointerException、ArrayIndexOutOfBoundsException 等，但有时这些预定义的异常类并不能完全满足我们的需求。在这种情况下，我们可以通过创建自定义异常类来表示特定的异常情况。

自定义异常类通常继承自 Exception 类或 RuntimeException 类，以及它们的子类，并根据需要添加相应的构造方法和其他方法以满足特定的异常处理需求。自定义异常类可以包含额外的属性和方法，以提供更多的信息和功能。

使用自定义异常类时，通常的做法是在方法中使用 throw 语句来抛出自定义异常，然后在调用该方法的代码中使用 try-catch 语句块来捕获并处理异常。

客户在购买农产品后，需要通过银行账户进行支付，支付时可能会发生异常，为此需要通过自定义异常进行处理。具体代码如下：

```java
public class BankException extends Exception {
    public BankException() {
        super();
    }


    public BankException(String message) {
        super(message);
    }


    public BankException(String message, Throwable cause) {
        super(message, cause);
    }


    public BankException(Throwable cause) {
        super(cause);
```

```
    }
        // 可以添加其他与银行相关的异常信息的构造函数
}
public class BankAccount {
    private String accountNumber;
    private double balance;

    public BankAccount(String accountNumber, double balance) {
        this.account = account;
        this.balance = balance;
    }

    public void pay(double amount) throws BankException {
        if (amount > balance) {
            throw new BankException("Insufficient funds for payment");
        }
        balance -= amount;
    }

    // 其他银行账户相关的方法

}
```

在这个例子中，BankException 是自定义的异常类，用于在尝试从银行账户提款时，如果余额不足则抛出异常。在 pay() 方法中，如果用户尝试提款超过账户余额，则会抛出 BankException 异常。

任务总结

在 Java 中，自定义异常是指用户根据自己的需求创建的异常类。自定义异常类通常继承自 Exception 类或 RuntimeException 类，以及它们的子类，并根据需要添加相应的构造方法和其他方法以满足特定的异常处理需求。自定义异常类可以包含额外的属性和方法，以提供更多的信息和功能。使用自定义异常类时，通常的做法是在方法中使用 throw 语句来抛出自定义异常，然后在调用该方法的代码中使用 try-catch 语句块来捕获并处理异常。

任务思考

在什么情况下用户需要自定义异常？用户自定义异常的通常做法是什么？

任务 3.3   Java 断言

任务描述

在农产品销售平台开发过程中，需要对模块中的每个处理逻辑进行异常处理设计，但仅凭借异常处理机制并不能发现可能存在的所有问题，为了快速定位潜在的问题，就需要用到断言。

相关知识

Java assert 断言机制是 Java 5 中推出的新特性，主要用于在程序运行时检查状态或假设的正确性。Java 在执行的时候默认是不启用断言检查的，如果要启用断言检查，则需要用开关 -enableassertions 或 -ea。

3.3.1 语法

断言（assert）的语法有两种写法：

（1）assert <boolean 表达式>。

如果 <boolean 表达式> 为 true，则程序继续执行；如果为 false，则程序抛出 AssertionError，并终止执行。

（2）assert <boolean 表达式>：<错误信息表达式>。

如果 <boolean 表达式> 为 true，则程序继续执行；如果为 false，则程序抛出 java.lang.Assertion-Error，并输入 <错误信息表达式>。

3.3.2 代码示例

根据断言的语法规则，如果 <boolean 表达式> 为 true，则程序继续执行；如果为 false，则程序抛出 AssertionError，并终止执行。示例代码如下：

```java
public class AssertDemo {
    public static void main(String args[]) {
        // 断言1结果为 true，则继续往下执行
        assert true;
        System.out.println("断言1没有问题，Go！");
        System.out.println("*******************");
        // 断言2结果为 false，则程序终止
        assert false :"断言失败，此表达式的信息将会在抛出异常的时候输出！";
```

```
        System.out.println("断言 2 没有问题, Go！");
    }
}
```

3.3.3　注意使用断言时可能存在的陷阱

assert 关键字用法简单，但在使用 assert 的过程中，会掉入陷阱中，需要引起注意。

（1）断言默认是关闭的，需要在运行时使用 -ea 或 -enableassertions 选项开启。

（2）断言不应该用于处理异常情况，而应该用于检查程序中的逻辑错误。

（3）断言不应该用于替代异常处理机制，因为它只能抛出 AssertionError 异常，而无法提供更详细的错误信息。

（4）断言不应该用于检查用户输入或外部数据，因为它只能检查程序中的条件，而无法保证外部数据的正确性。

3.3.4　断言 Eclipse 的相关设置

在 Eclipse 中，只有开启相关设置才能使用断言功能。在主菜单中选择 Run--Run Configurations...，在 Run Configurations 窗口中，选择要运行的项目，单击 Arguments 菜单，在 VW arguments 选项卡中输入 -ea 即可。

任务总结

在 Java 编程语言中，断言（assert）是一种辅助调试工具，用于在开发和测试阶段检测程序中的逻辑错误。断言机制可以在代码中插入断言语句，并在代码执行过程中对这些语句进行验证。当断言失败时，程序会抛出一个 AssertionError 异常，并终止执行。

任务思考

异常处理与断言的区别是什么？在什么情况下需要用到断言？如何使用断言？

素养之窗

"妙手回春"的"电网医生"：2022 年大国工匠年度人物冯新岩

冯新岩，国网首席专家、国网山东省电力公司超高压公司变电检修中心电气试验班副班长。他坚信："将简单的事情做好就是不简单，将平凡的事情做好就是不平凡。"二十多年来，他一直奋战在一线，独创了基于故障模式分析的"望闻问切"异常诊断体系。利用这套体系，他先后诊断超高压、特高压设备严重缺陷百余起，避免因设备故障可能导致的损失超过 10 亿元。在查找带电设备隐患方面，其技术已达业内顶尖水平。

异常处理能够提高代码的逻辑性、降低错误处理代码的复杂度。异常处理看似简单，但对于提高代码质量和程序的可靠性至关重要。

≫ 实训 1　设计带异常处理的计算器

利用异常处理机制相关知识，完成带有异常处理功能的计算器程序。具体要求如下：

（1）定义一个完成四则运算的计算器类 Calculator，该类拥有 double 类型的操作数 number1、number2 和 char 类型的运算符 operator 等 3 个私有成员变量，一个公共方法 work() 以及两个供内部使用的私有方法 init() 和 compute() 方法。

（2）私有方法 init() 按照指定的表达式格式"第一操作数 运算符 第二操作数"（操作数与运算符之间使用空格分隔）从键盘获取操作数和运算符，并对操作数非法、运算符非法以及 0 作为除数等三种异常情况进行检测，且当发生异常时能生成相应的自定义异常类的实例化对象并抛出给上层调用者（work() 方法）。约定：3 个自定义异常类的名称分别为 MyOperandException、MyOperatorException 和 MyDivisorIsZeroException。

（3）私有方法 compute() 用来根据当前运算符的种类对当前的操作数执行相应的运算，并将结果返回给上层调用者（work() 方法）。

（4）公共方法 work() 使用循环完成多个表达式的连续计算，在每遍循环中，首先调用 init() 方法完成操作数和运算符的获取，并捕获、处理相关异常。当没有异常发生（即表达式合法）时，调用 compute 完成计算，并按照"第一操作数 运算符 第二操作数 = 结果"输出结果；否则（即表达式非法），终止当前表达式的处理，提前进入下一遍循环，提示用户按照要求的格式重新输入要计算的表达式。当用户不想再继续计算时，可退出程序。

（5）给出测试类，完成完整的测试过程（包括正常情况和 3 种异常情况）。

（6）扩展要求：自定义异常类 MyExpressionException。在 init() 方法中，能够按照指定格式"第一操作数 运算符 第二操作数"（操作数与运算符之间使用空格分隔）来检查用户输入表达式的合法性，当检查出表达式非法（操作数与运算符之间未使用空格分割）时能够生成 MyExpressionException 的实例化对象并抛出给上层调用者（work() 方法）。work() 方法应能处理这种异常，并完成相应测试。

≫ 实训 2　设计带异常处理的银行转账业务

两个账户：转出账户，转入账户。每个账户有账户名和账户余额。

转账流程：

（1）转出账户输入转出金额；

（2）银行查询余额是否足够；

（3）若满足转出条件，则同意转入对方账户；

（4）转入账户收入此前约定的转入金额，则转账成功；否则转账失败。

要求： 实现带异常处理的 Java 应用程序，并进行测试。

1. 异常的概念

在实际程序开发中，代码可能会产生各种各样没有预料到的异常情况，包括不可控环境因素产生的异常情况，如用户的坏数据、试图打开一个根本不存在的文件等。在 Java 中，这种在程序执行时可能出现的一些不正常情况称为异常。异常是在程序执行期间发生的事件，它中断了正在执行的程序的正常指令流。异常在 Java 中是作为类的实例的形式出现的。当程序在运行中某方法出现错误时，该方法会创建一个对象，并把它传递给正在运行的系统，该对象称为异常对象。

2.异常的处理

当程序发生异常时，程序会中断执行。为了保证程序的有效执行，需要对抛出的异常进行相应的处理。在 Java 语言中，处理异常的方式有两种：（1）对异常进行捕获，并处理异常。该方法不会使程序终止。（2）将异常向上抛出，交给方法调用者处理。该方法会导致程序终止。

课后巩固

扫一扫，完成课后习题。

单元 3　课后习题

单元4 I/O 数据流与文件

单元导入

农产品销售平台中的应用程序运行时，会创建各种 Java 对象，这些对象存在于内存中。当程序运行结束时，内存被回收，对象就不复存在了。如何把对象所包含的数据永久保存下来呢？需要借助 Java I/O（Input/Output，输入 / 输出）类库，把对象所包含的数据写入文件中。

学习目标

- **知识目标**
- 熟悉数组与 String 类的用法；
- 理解和掌握文件的基本操作；
- 掌握字节流与字符流的用法。

- **技能目标**
- 会使用数组与 String 类；
- 会使用字节流、字符流进行数据操作；
- 能够进行基本的文件操作。

- **素养目标**
- 熟悉 Java 数据处理流程，具备工程化思想；
- "流动的数据才有价值"，面向目标用户，让数据发挥价值；
- 淬炼沉心工作、细心观察、耐心操作、创新设计的"四心"工匠品格。

知识导图

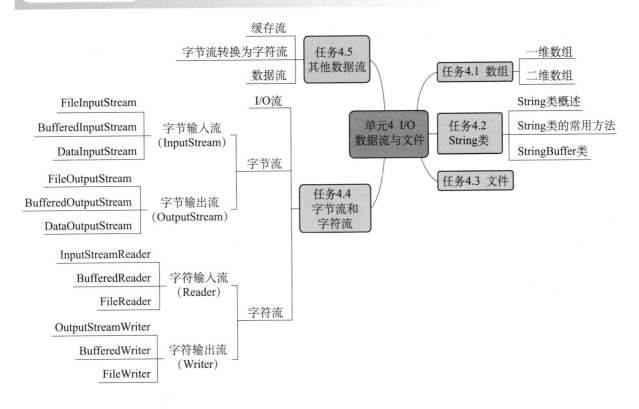

任务4.1　数　组

任务描述

　　农产品销售平台在存储数据、排序、查找和计算时，会用到包括数组在内的多种数据结构。同时，数组也可以用于矩阵、栈和队列、数据交互等操作中，是使用最多的数据结构之一。

学习资源

二维数组

相关知识

4.1.1　一维数组

　　数组就是存储相同数据类型的一组数据，且长度固定。

使用数组时，需要声明、创建、赋值和使用这几个步骤。

1. 数组的声明

声明数组的语法格式如下，推荐使用前一种：

```
数据类型[]  数组名;
```

或

```
数据类型  数组名[];
```

声明数组就是告诉计算机，该数组中的元素是什么类型的。例如：

```
int a[];
double[] salary;
String[] schoolName;
```

必须注意的是，Java 语言中声明数组的时候不可以指定数组长度。例如，int a[100] 是非法的。

2. 创建数组

所谓创建数组，就是要为数组分配内存空间，不分配内存是不能存放数组元素的。创建数组就是在内存中划分出几个连续的空间用于依次存储数组中的数据元素，其语法格式如下：

```
数组名 = new 数据类型[数组长度];
```

可以把数组声明和数组创建合并，其语法格式为：

```
数据类型[]  数组名 = new 数据类型[数组长度];
```

其中，数组长度就是数组中存放的元素个数，必须是整数。例如：

```
int[] arr = new int[5];
String[] names = new String[15];
```

3. 数组元素赋值和使用

创建完数组之后，就可以给数组赋值并使用数组了。在使用数组时，主要通过下标来访问数组元素。给数组赋值的语法格式如下：

```
数组名[数组下标] = 数值;
```

尤其需要注意的是，数组下标从 0 开始编号，数组名 [0] 代表数组中第 1 个元素，数组名 [1] 代表数组中第 2 个元素……数组下标的最大值则为数组长度减 1，如果下标值超过最大值则会出现数组下标越界的问题。

Java 的一维数组的使用：初始化。

（1）动态初始化：进行数组声明且为数组元素分配空间。

```
int[] ar = new int[3];
```

```
ar[0] = 3;
ar[1] = 9;
ar[2] = 8;
```

赋值的操作分开进行：

```
String names[];
names = new String[3];
names[0] ="金冠";
names[1] ="嘎啦";
names[2] ="红富士";
```

（2）静态初始化：在定义数组的同时就为数组元素分配空间。

```
int ar[] = new int[]{ 3, 9, 8};
```

或者

```
int[] ar = {3,9,8};
```

赋值：

```
String names[] = {"金冠","嘎啦","布瑞本"}
```

4.1.2　二维数组

对于一维数组，其数组元素只有一个下标变量。在实际问题中，有很多情况是二维或多维的，Java语言允许构造多维数组存储多维数据。多维数组的数组元素有多个下标，以标识它在数组中的位置。编程中，经常会用到二维数组，更高维度的数组在实际编程中很少使用，所以这里仅介绍二维数组。

1.二维数组的概念

二维数组就是一种数组的数组，其本质上还是一个一维数组，只是它的数据元素又是一个一维数组。

2.二维数组的使用

（1）初始化二维数组。

二维数组初始化的语法格式如下：

```
数据类型 [][] 数组名 = new 数据类型 [][]{{元素1,元素2,…,元素n},{元素1,元素2,…,元素n},…,{元素1,元素2,…,元素n}};
```

或者：

```
数据类型 [][] 数组名 = {{元素1,元素2,…,元素n},{元素1,元素2,…,元素n},…,{元素1,元素2,…,元素n}};
int[][] ar1=new int[][]{{1,2,3},{1,2,3},{1,2,3}};
int[][] ar2={{1,2,3},{1,2,3},{1,2,3}};
```

（2）二维数组的遍历。

因为二维数组是由两个一维数组组成的，所以要对其进行遍历就要用到双重 for 循环。具体的遍历语法格式如下：

```
for(int i = 0;i < 数组名 .length;i++){
  for(int j = 0;j < 数组名 [i].length;j++){
      System.out.println( 数组名 [i][j]);
  }
}
```

数组遍历的具体实现代码如下：

```
for(int i = 0;i < ar1.length;i++){
    for(int j = 0;j < ar1[i].length;j++){
        System.out.println(ar1[i][j]);
    }
}
```

3. 二维数组的应用

定义一个 4×4 的二维数组，对其进行转置，即行列互换。具体实现代码如下：

```java
public class ArrayTranspose {
    public static void main(String[] args) {
        int[][] originalArray = {
            {1, 2, 3, 4},{5, 6, 7, 8},{9, 10, 11, 12}, {13, 14, 15, 16}
        };

        int[][] transposedArray = transpose(originalArray);

        // 打印转置后的数组
        for (int[] row : transposedArray) {
            for (int element : row) {
                System.out.print(element +"");
            }
            System.out.println();
        }
    }

    public static int[][] transpose(int[][] original) {
        int rowCount = original.length;
        int colCount = original[0].length;
        int[][] transposed = new int[colCount][rowCount];
```

```
        for (int i = 0; i < rowCount; i++) {
            for (int j = 0; j < colCount; j++) {
                transposed[j][i] = original[i][j];
            }
        }
        return transposed;
    }
}
```

任务总结

把相同类型的若干变量按一定顺序组织起来，这些按序排列的同类型数据元素的集合称为数组。数组有两个核心要素：相同类型的变量和按一定的顺序排列。数组中的元素在内存中是连续存储的。数组中的数据元素可以是基本类型，也可以是引用类型。

任务思考

数组有哪些应用场景？数组的存储结构是什么？数组中的元素类型可以不同吗？数组的长度可变吗？用数组实现一种排序算法，计算其时间复杂度和空间复杂度。

任务 4.2　String 类

任务描述

在农产品销售平台中，很多类都有 String 类型的属性。在程序设计过程中，会经常使用 String 类型的变量进行数据处理。String 类是一种应用广泛的 Java 类。

学习资源

String 类的常用方法

StringBuffer 类

Java 正则表达式

相关知识

4.2.1　String 类概述

在 Java 中，字符串是一种常见的数据类型，经常用于存储一些文本信息。而 String 类则是 Java 提供的专门用于操作字符串的类，在 Java 标准库中，它位于 java.lang 包中。

String 类是不可被继承的 final 类，即它不能被其他类继承，也就是说它不能被修改。String 类是通过使用 Unicode 字符集来表示字符串的，这使得 Java 支持多语言字符集。

1. String 类的概念

如何使用 String 类操作字符串呢？首先要定义并初始化字符串。String 类包括以下常用的构造方法。

（1）String(String s)：初始化一个新创建的 String 对象，使其表示一个与参数相同的字符序列。

（2）String(char[] value)：创建一个新的 String 对象，使其表示字符数组参数中当前包含的字符序列。

（3）String(char[] value, int offset, int count)：创建一个新的 String 对象，它包含取自字符数组参数的一个子数组的字符序列。offset 参数是子数组第一个字符的索引（从 0 开始建立索引），count 参数指定子数组的长度。

例如：

```
String name = new String("长粒米");
char[] charArray = {'稻','花','香'};
String name2 = new String(charArray);
String name3 = new String(charArray,2,2);//从'花'字开始，截取 2 个字符，结果是 "花香"
```

实际上，最常使用的创建 String 类字符串的方法如下：

```
String name="长粒米";
```

在程序设计中，可以使用 concat(String str) 的方法在一个字符串后面再连接一个字符串。例如，需要在"五常"后面连接 name1，结果就是"五常长粒米"。程序代码如下：

```
class StringOperatorExam
{
    public static void main(String[] args)
    {
        String name1 = new String("五常");
        name1.concat("长粒米");
        System.out.println(name1);
    }
}
```

其输出结果是"五常长粒米"。

2. String 类的使用

（1）连接字符串。

除了采用 concat(String str) 方法连接字符串外，采用最多的方法是使用"+"进行 String 字符串的连接。之前的代码，在控制台输出程序运行结果的时候，都是使用"+"进行 String 字符串的连接。前面的代码修改如下：

```
public class StringOperatorExam2 {
    public static void main(String[] args) {
        // 使用 "+" 进行字符串连接
        System.out.println("使用'+'进行字符串连接");
        String name1 ="五常";
        // 创建一个字符串用来连接两个字符串，并让 name1 指向这个字符串
        name1 = name1 +"长粒米";
        System.out.println(name1);
        // 使用 public String concat(String str) 方法连接
        System.out.println("使用 public String concat(String str) 方法连接");
        String name2 ="五常";
        // 创建一个字符串用来连接两个字符串，但没有变量指向这个新字符串
        name2.concat("稻花香米");
        System.out.println(name2);
    }
}
```

（2）比较字符串。

比较字符串常用的两个方法是运算符 "==" 和 String 类的 equals() 方法。

使用 "==" 比较两个字符串，是比较两个对象的地址是否一致，本质上就是判断两个变量是否指向同一个对象，如果是则返回 true，否则返回 false。而 String 类的 equals() 方法则是比较两个 String 字符串的内容是否一致，返回值也是一个布尔类型。

先看下面的例子。

```
public class StringOperatorExam3 {
    public static void main(String[] args) {
        String s1 ="Java 程序设计基础";
        String s2 ="Java 程序设计基础";
        System.out.println(s1 == s2);              // 返回 true
        System.out.println(s1.equals(s2));         // 返回 true
        String s3 = new String("Node.js 技术");
        String s4 = new String("Node.js 技术");
        System.out.println(s3 == s4);              // 返回 false
        System.out.println(s3.equals(s4));         // 返回 true
    }
}
```

4.2.2　String 类的常用方法

以下是 String 类的常用方法。

（1）public char charAt(int index)：

从字符串中返回指定索引处的字符值。

（2）public int length()：

返回此字符串的长度。这里需要和获取数组长度区别开，获取数组长度是通过"数组名 .length"获取的。

（3）public int indexOf(String str)：

返回指定子字符串在此字符串中第一次出现处的索引。

（4）public int indexOf(String str,int fromIndex)：

返回指定子字符串在此字符串中第一次出现处的索引，从指定的索引开始搜索。

（5）public boolean equalsIgnoreCase(String another)：

将此 String 与另一个 String 比较，不区分大小写。

（6）public String replace(char oldChar,char newChar)：

返回一个新的字符串，它是通过用 newChar 替换此字符串中出现的所有 oldChar 得到的。

需要注意的是，String 类方法中的索引都是从 0 开始编号的。执行下面的程序，请注意程序注释：

```java
public class StringOperatorExam4 {
    public static void main(String[] args) {
        String s1 ="dongsheng high-tech";
        String s2 ="DongSheng High-Tech";
        System.out.println(s1.charAt(1));      // 查找第 2 个字符，结果为 o
        System.out.println(s1.length());        // 求 s1 的长度，结果为 19
        // 查找 high-tech 字符串在 s1 中的位置，结果为 10
        System.out.println(s1.indexOf("high-tech"));
        // 查找 High-Tech 字符串在 s1 中的位置，若没找到则返回 -1
        System.out.println(s1.indexOf("High-Tech"));
        System.out.println(s1.equals(s2));      // 区分大小写比较，返回 false
        // 不区分大小写比较，返回 true
        System.out.println(s1.equalsIgnoreCase(s2));
    }
}
```

（7）public boolean startsWith(String prefix)：

判断此字符串是否以指定的前缀开始。

（8）public boolean endsWith(String suffix)：

判断此字符串是否以指定的后缀结束。

（9）public String toUpperCase()：

将此 String 中的所有字符都转换为大写。

（10）public String toLowerCase()：

将此 String 中的所有字符都转换为小写。

（11）public String substring(int beginIndex)：

返回一个从 beginIndex 开始到结尾的新的子字符串。

（12）public String substring(int beginIndex,int endIndex)：

返回一个从 beginIndex 开始到 endIndex 结尾（不含 endIndex 所指字符）的新的子字符串。

（13）public String trim()：

返回字符串的副本，忽略原字符串前后的空格。

（14）public static String valueOf(基本数据类型参数)：

返回基本数据类型参数的字符串表示形式。例如：

```
public static String valueOf(int i)
public static String valueOf(double d)
```

这两个方法是 String 类的静态方法，可以通过"类名 . 方法名"直接调用，例如：

```
String result = String.valueOf(100);// 将 int 型 100 转换为字符串"100"
```

（15）public String[] split(String regex)：

通过指定的分隔符分隔字符串，返回分隔后的字符串数组。

4.2.3 StringBuffer 类

1. StringBuffer 类的概念

StringBuffer 可以存储和操作字符串。String 类是字符串常量，是不可更改的常量。而 StringBuffer 是字符串变量，它的对象是可以扩充和修改的。

以下是 StringBuffer 类最常用的构造方法。

（1）StringBuffer()：构造一个其中不带字符的字符串缓存区，其初始容量为 16 个字符。

（2）StringBuffer(String str)：构造一个字符串缓存区，并将其内容初始化为指定的字符串内容。

StringBuffer 字符串的使用场合是经常需要对字符串内容进行修改操作的场合。

2. StringBuffer 类的使用

以下是通过 StringBuffer 类的构造方法创建 StringBuffer 字符串的代码。

```
StringBuffer strB1 = new StringBuffer();
```

通过 strB1.length() 返回长度是 0，但在底层创建了一个长度为 16 的字符数组。

```
StringBuffer strB2 = new StringBuffer("张平");
```

通过 strB2.length() 返回长度是 3，在底层创建了一个长度为 3+16 的字符数组。

StringBuffer 通过 append() 和 insert() 方法，将字符追加或插入到字符串缓存区中。append() 方法始终将字符添加到缓存区的末端，而 insert() 方法则在指定的位置添加字符。

以下是 StringBuffer 类的常用方法。

（1）public StringBuffer append(String str)：

将指定的字符串追加到此字符序列中。

（2）public StringBuffer append(StringBuffer str)：

将指定的 StringBuffer 字符串追加到此序列中。

（3）public StringBuffer append(char[] str)：

将字符数组参数的字符串表示形式追加到此序列中。

（4）public StringBuffer append(char[] str,int offset,int len)：

将字符数组参数的子数组的字符串表示形式追加到此序列中，从索引 offset 开始，此字符序列的长度将增加 len。

（5）public StringBuffer append(double d)：

将 double 类型参数的字符串表示形式追加到此序列中。

（6）public StringBuffer append(Object obj)：

将 Object 参数的字符串表示形式追加到此序列中。

（7）public StringBuffer insert(int offset,String str)：

将字符串插入到此字符序列中，offset 表示插入位置。

下面的案例演示了 StringBuffer 类方法的使用。

```java
public class StringBufferExam {
    public static void main(String[] args) {
        //append方法，添加参数到StringBuffer对象中，始终加在缓冲区的末尾
        StringBuffer sb = new StringBuffer();
        sb.append("abcdefg");
        System.out.println("append方法添加结果为："+sb);//abcdefg
        //insert方法（int offset 指定位置，String str 插入的字符串）
        sb.insert(0,"uzi");
        System.out.println("inset方法插入结果为："+sb);//uziabcdefg
        //deleteCharAt方法，删除指定位置的字符
        sb.deleteCharAt(0);
        System.out.println("deleteCharAt方法删除指定位置结果为："+sb);//ziabcdefg
        //delete方法，删除指定范围的字符
        sb.delete(0,2);//左闭右开（0,2）删0,1（0,3）删0 1 2
        System.out.println("delete删除指定范围的字符结果为："+sb);//abcdefg
        //replace方法，替换指定位置的字符或字符串序列
        sb.replace(0,3,"uzi");
        System.out.println("replace方法替换指定位置的字符结果为："+sb);//uzidefg
        //setCharAt方法，修改指定下标的字符序列
        sb.setCharAt(0,'U');
        System.out.println("setCharAt方法修改指定位置字符后的结果为："+sb);//Uzidefg
        //toString方法，返回StringBuffer缓冲区中的字符串，将各种类型转换为String类型
        int num = 10086;
        sb.append(num);
        String str1 = sb.toString();//int转String
        System.out.println("toString方法，将int转换为String结果为："+str1);//
Uzidefg10086
        char[] ch = {'A','B','C'};
```

```
        sb.append(ch);
        String str2 = sb.toString();//char 数组转 String
        System.out.println("toString 方法，将 char 类型数组转换为 String 类型结果为："+
str2);//Uzidefg10086ABC
        //reverse 方法，将字符串序列反转
        sb.reverse();
        System.out.println("reverse 方法反转字符串"+sb);//CBA68001gfedizU
        //delete 方法，清空缓冲区
        System.out.println("清空缓冲区结果:"+sb.delete(0,sb.length()));
    }
}
```

任务总结

String 是常量，其值用双引号引起来表示。String 对象创建之后，字符串内容不能更改。String 类是通过使用 Unicode 字符集来表示字符串的，这使得 Java 支持多语言字符集。在 Java 中，String 类提供了多种构造函数，可以用于创建字符串对象。StringBuffer 是 Java 标准库中的一个类，用于处理可变的字符串序列。它与不可变的字符串 String 类似，但是 StringBuffer 允许对字符串内容进行修改和操作，适用于需要频繁拼接和修改字符串的情况，尤其在多线程环境下推荐使用线程安全版本的 StringBuilder。

任务思考

String 与 StringBuffer 类的区别是什么？为什么说 StringBuffer 类在多线程环境下是不安全的？

任务 4.3 文 件

任务描述

Java 提供了丰富的文件操作功能，其中 java.io.File 类是用于处理文件和目录的主要类之一。通过 File 类，我们可以进行创建、删除、重命名和检查文件或目录的存在等。

学习资源

文件管理

相关知识

4.3.1 文件类概述

File 类是 Java 中处理文件和目录的基础类之一。它表示文件系统中的文件或目录的路径名，并提供了一组方法来操作文件和目录。以下是 File 类的一些常用方法：

exists()：检查文件或目录是否存在。

isFile()：检查是否为文件。

isDirectory()：检查是否为目录。

getName()：返回文件或目录的名称。

getParent()：返回父目录的路径名。

getPath()：返回文件或目录的路径名。

createNewFile()：创建新文件。

mkdir()：创建新目录。

delete()：删除文件或目录。

4.3.2 创建文件

在 Java 中，我们可以使用 File 类来创建新的文件。以下是一个创建文件的示例代码：

```java
import java.io.File;
import java.io.IOException;

public class CreateFileExam{
    public static void main(String[] args) {
        try {
            File file = new File("myfile.txt");
            if (file.createNewFile()) {
                System.out.println("File created:"+ file.getName());
            } else {
                System.out.println("File already exists.");
            }
        } catch (IOException e) {
            System.out.println("An error is occurred.");
            e.printStackTrace();
        }
    }
}
```

在上例中，我们创建了一个 File 对象，表示一个名为"myfile.txt"的文件。通过调用 createNewFile() 方法，我们尝试创建这个文件。如果文件不存在，它将被创建，并输出"File created: myfile.txt"。如果文件已经存在，它将输出"File already exists."。

4.3.3 删除文件

使用 File 类，我们也可以删除文件或目录。下面是一个删除文件的示例代码：

```java
import java.io.File;

public class DeleteFileExam {
    public static void main(String[] args) {
        File file = new File("myfile.txt");
        if (file.delete()) {
            System.out.println("File deleted:"+ file.getName());
        } else {
            System.out.println("Failed to delete the file.");
        }
    }
}
```

在上例中，我们创建了一个 File 对象，通过调用 delete() 方法，尝试删除 "myfile.txt" 文件。如果成功删除，它将输出 "File deleted: myfile.txt"。如果删除失败，它将输出 "Failed to delete the file."。

4.3.4 遍历目录

File 类还可以用于遍历目录中的文件和子目录。下面是一个遍历目录的例子：

```java
import java.io.File;

public class DirectoryTraversalExam {
    public static void main(String[] args) {
        File directory = new File("path/to/directory");
        if (directory.isDirectory()) {
            File[] files = directory.listFiles();
            if (files != null) {
                for (File file : files) {
                    System.out.println(file.getName());
                }
            }
        }
    }
}
```

在上例中，我们创建了一个 File 对象，通过调用 isDirectory() 方法，检查该对象是否为一个目录。如果是目录，则调用 listFiles() 方法获取目录中的文件和子目录，并使用 for 循环打印每个文件或子目录的名称。

4.3.5　获取文件信息

通过 File 类，我们可以获取文件或目录的一些基本信息，如文件大小、修改日期等。以下是一个获取文件信息的示例：

```java
import java.io.File;

public class FileInfoExam {
    public static void main(String[] args) {
        File file = new File("myfile.txt");
        if (file.exists()) {
            System.out.println("File name:"+ file.getName());
            System.out.println("File size:"+ file.length() +"bytes");
            System.out.println("Last modified:"+ file.lastModified());
        } else {
            System.out.println("File does not exist.");
        }
    }
}
```

在上例中，我们创建了一个 File 对象，通过调用 exists() 方法，检查文件"myfile.txt"是否存在。如果文件存在，我们使用 getName() 方法获取文件名称，使用 length() 方法获取文件大小（以字节为单位），使用 lastModified() 方法获取最后修改日期的时间戳。

任务总结

File 类中涉及关于文件或文件目录的创建、删除、重命名、修改时间等方法，并未涉及写入或读取文件内容的操作。如果需要读取或写入文件内容，则必须使用 I/O 流来完成。

任务思考

File 类表示文件还是目录？ File 类有哪些主要方法？ 如何设置文件的相对路径和绝对路径？ File 类有哪几种路径分隔符？ 如何遍历某个目录下的所有文件？

任务4.4　　　　　字节流和字符流

任务描述

在农产品销售平台中，需要处理音频、视频、图片等二进制数据。在这些场景下，字节流可以有效地读取和写入二进制数据，如音频文件、图片和歌曲等。这时候就需要用到字节流。而字符流适用于处理文本数据，它可以更好地处理复杂的字符串操作，如字符串的读取、写入、查找和替换等。农产品销售平台上的文本处理程序，如文本编辑器、浏览器等的实现都采用了字符流。

学习资源

字节流之文件
输入输出流

字节流之数据
输入输出流

相关知识

4.4.1　I/O 流

Java 中的流（Stream）是一个比较重要的概念，它在 Java 1.7 中引入，用于处理集合和数组等数据类型的元素。"流"提供了一种高效、方便、统一的方式来处理数据，可以进行各种数据操作，如过滤、映射、排序、聚合等。

"流"是一个抽象的概念，它是对输入 / 输出设备的一种抽象理解，可以理解为数据管道。在 Java 中，对数据的输入 / 输出操作都是以"流"的方式进行的。"流"具有方向性，输入流、输出流是相对的。当程序需要从数据源中读入数据的时候就会开启一个输入流，相反，当程序需要写出数据到某个数据源目的地的时候也会开启一个输出流。数据源可以是文件、内存或网络等。

詹姆斯·高斯林（James Gosling）所著《Java 程序设计》中描述的 Java I/O 流模式如图 4-1 所示，Program 是中间环节，用于对 Source 输出的数据进行处理，结果输出到 Dest。

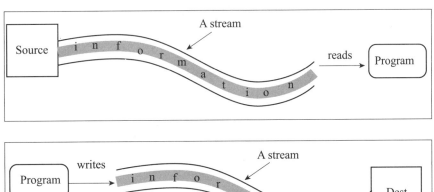

图 4-1　Java I/O 流模式

按照处理数据的单位，流可以分为字节流和字符流。在计算机中，字节流和字符流在物理层面的实现都是比特流，二进制数据流可以认为是字节流，而字符流是遵循 Unicode 编码规则的字节流。因此，计算机中"流"的概念实际上就是指字节数据（bytes data）从源对象按顺序流向目标对象的一种流动形式（如图 4-2 所示）。

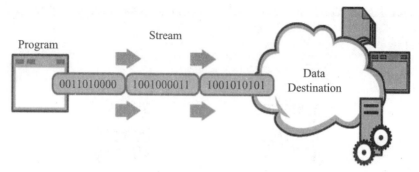

图 4-2　计算机中的字节流

4.4.2　字节流

在 Java 中，字节流是一种用于处理二进制数据的输入 / 输出流。它们提供了一种逐字节读取和写入数据的方式，适用于处理各种二进制文件，如图像、音频、视频等。

Java 提供了多种实现字节流的具体类，常用的包括 FileInputStream、FileOutputStream、Buffered-InputStream 和 BufferedOutputStream 等。下面是一些常用的字节流类及其作用：

（1）InputStream：所有输入字节流的抽象基类，提供了读取字节的基本方法。

（2）FileInputStream：用于从文件中读取字节的输入流。

（3）BufferedInputStream：提供了缓冲功能，提高了读取字节流的效率。

（4）OutputStream：所有输出字节流的抽象基类，提供了写入字节的基本方法。

（5）FileOutputStream：用于向文件中写入字节的输出流。

（6）BufferedOutputStream：提供了缓冲功能，提高了写入字节流的效率。

下面的案例演示了如何使用 FileInputStream 和 FileOutputStream 两个字节流类，实现复制文件内容的功能。

```java
import java.io.FileInputStream;
import java.io.FileOutputStream;
import java.io.IOException;

public class FileCopyExam {
    public static void main(String[] args) {
        String sourceFile ="source.png";
        String targetFile ="target.png";
        try (FileInputStream fis = new FileInputStream(sourceFile);
        FileOutputStream fos = new FileOutputStream(targetFile)) {
            byte[] buffer = new byte[1024];
            int bytesRead;
            while ((bytesRead = fis.read(buffer)) != -1) {
                fos.write(buffer, 0, bytesRead);
            }
            System.out.println("File copied successfully.");
```

```
        } catch (IOException e) {
            System.out.println("An error is occurred:"+ e.getMessage());
        }
    }
}
```

上面的代码中，创建了文件输入流和输出流，调用输入流的 read() 方法从输入流读取字节，再调用输出流的 write() 方法写入字节，从而实现了文件内容的复制。

代码中有两个细节需要注意：一是 read() 方法碰到数据流末尾，返回的是 -1；二是在输入、输出流用完之后，要在异常处理的 finally 块中关闭输入、输出流，以节省资源。

接下来列举 InputStream 输入流的可用方法。

（1）int read()：

从输入流中读取数据的下一个字节，返回 0 ～ 255 范围内的 int 型字节值。

（2）int read(byte[] b)：

从输入流中读取一定数量的字节，并将其存储在字节数组 b 中，以整数形式返回实际读取的字节数。

（3）int read(byte[] b, int off, int len)：

将输入流中最多 len 个数据字节读入字节数组 b 中，以整数形式返回实际读取的字节数，off 指数组 b 中将写入数据的初始偏移量。

（4）void close()：

关闭此输入流，并释放与该流关联的所有系统资源。

（5）int available()：

返回此输入流下一次可以不受阻塞地读取（或跳过）的估计字节数。

（6）void mark(int readlimit)：

在此输入流中标记当前的位置。

（7）void reset()：

将此输入流重新定位到最后一次对此输入流调用 mark() 方法时的位置。

（8）boolean markSupported()：

判断此输入流是否支持 mark() 和 reset() 方法。

（9）long skip(long n)：

跳过和丢弃此输入流中数据的 n 个字节。

4.4.3　字符流

当使用字节流读取中文文本文件时，可能会导致乱码，因为一个中文字符可能占用多个存储字节。所以 Java 提供了一些字符流类，以字符为单位读写数据，专门用于处理文本文件。使用字符流读取字符，就要先读取到字节数据，然后转为字符，如果要写出字符，则需要把字符转为字节再写出。在 Java 中，字符流主要由 Reader 和 Writer 两个抽象类来表示。Reader 用于读取字符流，而 Writer 用于写入字符流。

Reader 和 Writer 首先要解决字符的编码问题。Reader 和 Writer 可以自动在本地字符集和 Unicode 国际化字符集之间进行转换，这使得它在处理多语言文本时非常有用。

字符流的常用实现类如下：

（1）FileReader 和 FileWriter：用于文件的读写。

（2）CharArrayReader 和 CharArrayWriter：用于字符数组的读写。

（3）BufferedReader 和 BufferedWriter：为其他字符流提供缓存功能，提高读写效率。

（4）InputStreamReader 和 OutputStreamWriter：用于将字节流转换为字符流，它们是字节流和字符流之间的桥梁。

在前面的案例中，我们通过字节流实现了复制文件内容的目的，接下来再使用 FileReader 和 FileWriter 这两个字符流类实现相同的功能。程序代码如下：

```java
public class FileCopyExam2 {
    public static void main(String[] args) throws IOException {
        // 根据数据源创建字符输入流对象
        FileReader fr = new FileReader("chapt01\\HelloWorld.java");
        // 根据目的地创建字符输出流对象
        FileWriter fw = new FileWriter("chapt01\\HelloWorld_bak.java");
        // 读写数据，复制文件
        char[] chs = new char[1024];
        int len;
        while ((len=fr.read(chs))!=-1) {
            fw.write(chs,0,len);
        }
        // 释放资源
        fw.close();
        fr.close();
    }
}
```

java.io.Writer 字符输出流是所有字符输出流的顶层的父类，并且是一个抽象类，这个父类中定义了一些共性的方法：

（1）void write(char[] cbuf)：写入字符数组。

（2）void write(int c)：写入单个字符。

（3）void write(String str)：写入字符串。

（4）void write(String str, int off, int len)：写入字符串的某一部分。

（5）abstract void write(char[] cbuf, int off, int len)：写入字符数组的某一部分。

（6）abstract void flush()：刷新该流的缓冲。

（7）abstract void close()：关闭此流，但要先刷新它。

任务总结

I/O 流（Input/Output Stream）是指在程序中用来处理输入/输出的抽象概念。在 Java 和许多其他编程语言中，I/O 流用于处理文件读写、网络通信等操作。I/O 流通常分为输入流和输出流两种类型。

输入流用于从外部源（如文件、键盘、网络连接）读取数据到程序中，而输出流则用于将程序中的数据写出到外部目标（如文件、屏幕、网络连接）中。

在 Java 中，I/O 流主要包括字节流和字符流两种。字节流以字节为单位进行数据传输，适用于处理二进制数据；而字符流以字符为单位进行数据传输，适用于处理文本数据。此外，Java 还提供了各种 I/O 流的实现类和工具类，方便开发者进行各种输入、输出操作。

任务思考

常用的中文字符集有哪些？各采用什么编码规则？字符流中与编码解码问题相关的两个类——InputStreamReader 和 OutputStreamWriter，各有什么作用？字节流与字符流的区别有哪些？

任务 4.5　其他数据流

任务描述

在农产品销售平台上进行输入、输出操作时，通常会使用数据流（Data Stream）来进行读写操作。对于大文件或需要频繁读写操作的文件，使用普通的数据流会导致出现性能问题，因为每次读写操作都会直接访问磁盘，而磁盘读写速度较慢。为了提高读写效率，Java 提供了缓存流（Buffered Stream）来替代普通数据流，从而实现读写操作的缓存处理。

相关知识

4.5.1　缓存流

缓存流是一种数据流，它封装了普通数据流，提供了缓存区（Buffer）来暂存输入 / 输出数据。当需要读写数据时，缓存流会先将数据读入缓存区，然后在缓存区中进行读写操作。当缓存区满时，缓存流会将缓存区中的数据一次性地写入磁盘，从而避免了频繁的磁盘读写操作，提高了读写效率。

当使用缓存流进行读写操作时，数据会首先被读入缓存区。缓存区是一个字节数组，它的大小由缓存流的构造函数参数指定。在读取数据时，缓存流会将磁盘上的数据分块读取到缓存区中，然后逐个字节地读取缓存区中的数据。当缓存区中的数据被读取完毕后，缓存流会再次读取磁盘上的数据到缓存区中，直到读取到所需的数据。在写入数据时，缓存流会将数据写入缓存区中，然后再将缓存区中的数据一次性地写入磁盘。当缓存区被写满时，缓存流也会将缓存区中的数据一次性地写入磁盘。

Java 中提供了以下四种缓存流：

（1）BufferedInputStream：缓存输入流。

（2）BufferedOutputStream：缓存输出流。

（3）BufferedReader：缓存字符输入流。

（4）BufferedWriter：缓存字符输出流。

缓存流的使用步骤如下：

（1）创建一个字节输出流对象（例如：FileOutputStream 类），构造方法中传递存储数据的文件或文件路径。

（2）创建一个缓冲字节输出流对象，构造方法中传递字节输出流对象。

（3）调用缓存字节输出流的 write() 方法写入数据。

（4）调用缓存字节输出流的 close() 方法释放资源。

下面的例子是用缓存流实现图像文件的复制，具体代码如下：

```java
import java.io.*;

public class BufferedStreamExam {
  public static void main(String[] args) throws IOException {
      File sourceFile = new File("source.jpg");
      File destFile = new File("dest.jpg");
      // 使用 BufferedInputStream 和 BufferedOutputStream 读写文件
      copyFileUsingBufferedStream(sourceFile, destFile);
      // 使用 BufferedReader 和 BufferedWriter 读写文件
      //copyFileUsingBufferedWriter(sourceFile, destFile);
  }


  public static void copyFileUsingBufferedStream(File source, File dest) throws
IOException {
      InputStream input = null;
      OutputStream output = null;
      try {
          input = new BufferedInputStream(new FileInputStream(source));
          output = new BufferedOutputStream(new FileOutputStream(dest));
          byte[] buffer = new byte[1024];
          int length;
          while ((length = input.read(buffer)) > 0) {
              output.write(buffer, 0, length);
          }
      } finally {
          if (input != null) {
              input.close();
          }
          if (output != null) {
              output.close();
          }
      }
  }
```

```java
    public static void copyFileUsingBufferedWriter(File source, File dest) throws
IOException {
        BufferedReader reader = null;
        BufferedWriter writer = null;
        try {
            reader = new BufferedReader(new FileReader(source));
            writer = new BufferedWriter(new FileWriter(dest));
            char[] buffer = new char[1024];
            int length;
            while ((length = reader.read(buffer)) > 0) {
                writer.write(buffer, 0, length);
            }
        } finally {
            if (reader != null) {
                reader.close();
            }
            if (writer != null) {
                writer.close();
            }
        }
    }
```

上例中，第一个方法中采用缓存字节流的方式处理数据，使用 BufferedInputStream 缓存流的 read() 方法读取数据，使用 BufferedOutputStream 缓存流的 write() 方法把获取的字节数组输出到目标文件。第二个方法中采用缓存字符流的形式处理数据，使用 BufferedReader 缓存流的 read() 方法读取数据，使用 BufferedWriter 缓存流的 write() 方法把获取的字符串输出到目标文件中。由于复制的是图像文件，因此第二个方法是不适合的。

4.5.2　字节流转换为字符流

在 Java 中，字节流和字符流是处理输入和输出的两种不同方式。字节流适用于处理二进制数据和非文本数据，而字符流则适用于处理文本数据。有时候，我们需要将字节流转换为字符流，以便更方便地处理文本数据。可以使用 InputStreamReader 和 OutputStreamWriter 这两个类将一个字节流转换为一个字符流。

Java 字节流转换为字符流包含以下步骤：

（1）创建字节流。

在进行字节流转换为字符流之前，首先需要创建一个字节流对象。可以使用 FileInputStream 或 ByteArrayInputStream 来创建字节流对象。其中，FileInputStream 用于从文件中读取数据，ByteArrayInputStream 用于从内存中读取数据。

（2）创建字符流。

接下来，需要创建一个字符流对象。可以使用 InputStreamReader 类将字节流转换为字符流。InputStreamReader 是 Reader 类的一个子类，可以将字节流中的字节按照指定的字符编码转换为字符流。

（3）读取字符数据。

创建好字符流对象后，就可以使用它来读取字符数据了。可以使用 read() 方法来读取一个字符，返回的是一个整数，表示读取的字符的 ASCII 码值。当读取到文件末尾时，read() 方法会返回 -1。

（4）关闭流。

在使用完字符流之后，需要关闭流以释放资源。可以使用 close() 方法来关闭流。

下面的例子将字节流 FileOutputStream 转换成字符流 OutputSteamReader，指定编码（gbk/utf8）：

```java
import java.io.FileNotFoundException;
import java.io.FileOutputStream;
import java.io.IOException;
import java.io.OutputStreamWriter;

public class OutputStreamWriter {
    public static void main(String[] args) throws IOException {
        String filePath ="byte.txt";
        String charSet ="gbk";
        OutputStreamWriter osw = new OutputStreamWriter(new FileOutputStream(
filePath),charSet);
        osw.write("这是一个字符流文件。");
        osw.close();
        System.out.println("按照"+ charSet +"保存文件成功～");
    }
}
```

4.5.3 数据流

数据流是一种用于输入、输出基本数据类型的工具，它提供了将这些数据类型转换成字节流或字符流的方法，以便进行输入、输出操作。

Java 中的数据流指的是在处理输入、输出数据时通过内存缓冲区实现的读取和写入操作。Java 中常用的数据流有字节流和字符流，可以根据具体需求选择使用。

在农产品销售平台中，谷物信息包括品种、品名、库存、单价等，要将谷物信息保存到文件中，可以通过数据流的方式进行处理。使用字符串数组 breeds 存储品种信息（"1"代表大米、"2"代表小麦），用数组 names、inventory、price 和 brands 分别存储品名、库存、单价和品牌信息。现要求使用数据流将数组信息存储到数据文件 grain.dat 中，并能够从数据文件中读取已保存的数据。具体代码如下：

```java
import java.io.*;
public class DataStreamExam{
    static final String dataFile ="grain.dat"; // 数据存储文件
```

```java
// 谷物类型: 1代表大米,2代表小麦
static final String[] breeds = {"1","1","1","1"};    // 谷物分类
static final String[] names = {"长粒米","稻花香","珍珠米","泰国香米"}; // 品名
static final double[] inventory = {100.5,50,50,30};    // 库存
static final float[] price = {25.3f,20,0,30};    // 单价
static final String[] brands = {"五常","五常","金龙鱼","香纳兰"};    // 品牌
static DataOutputStream out = null;
static DataInputStream in = null;

public static void main(String[] args) throws IOException {
    try {
        // 输出数据流,向dataFile输出数据
        out = new DataOutputStream(new BufferedOutputStream(new
FileOutputStream(dataFile)));
        for (int i = 0; i < breeds.length; i++) {
            out.writeUTF(breeds[i]);
            // 使用UTF-8编码将一个字符串写入基础输出流
            out.writeUTF(names[i]);
            out.writeDouble(inventory[i]);
            out.writeFloat(price[i]);
            out.writeUTF(brands[i]);
        }
    }finally {
        out.close();
    }
    try{
        String breed,name,brand;
        double inventory;float price;
        // 输入数据流,从dataFile读取数据
        in = new DataInputStream(new BufferedInputStream(new FileInputStream
(dataFile)));
        while(true)
        {
            breed = in.readUTF();
            name = in.readUTF();
            inventory = in.readDouble();
            price = in.readFloat();
            brand = in.readUTF();
            if(breed.equals < "1"){
```

```
                    System.out.println("显示谷物信息: \n品种: 大米 品名为:"+ name +
"品牌为:"+ brand +"库存为:"+ inventory +"单价为:"+ price);
                }else{
                    System.out.println("显示谷物信息: \n品种: 小麦 品名为:"+ name +
"品牌为:"+ brand +"库存为:"+ inventory +"单价为:"+ price);
                }
            }
        }catch(EOFException e){
            //EOFException 作为读取结束的标志
        }finally {
            in.close();
        }
    }
}
```

任务总结

通过本任务的学习，我们了解了缓存流的概念、作用以及如何使用缓存字节流和缓存字符流。缓存流可以有效地提高文件读写性能，减少磁盘与内存之间的交互次数。在程序设计中，通常会使用缓存流来操作文件，以提高程序的运行效率。

本任务的学习重点如下：

缓存流的作用是通过内存缓存区提高文件读写性能。

缓存字节流 BufferedInputStream 和 BufferedOutputStream，用于处理字节的输入与输出。

缓存字符流 BufferedReader 和 BufferedWriter，用于处理字符的输入与输出。

任务思考

缓存流有什么特点？如何使用缓存流？缓存流是如何管理内存的？为什么要将字节流转换为字符流？

素养之窗

大飞机"血管神经系统"的建造师：2022 年大国工匠年度人物周琦炜

周琦炜是中国商飞上海飞机制造有限公司飞机装配工。据统计，C919 全机共有 700 多束航空电缆，以根来计的话，在 7 万的数量级，分布在飞机机头、机身、机翼、尾翼等全机各个区域，总长近 100 千米。而被称为"C919 血管神经系统建造师"的周琦炜的工作，就是带领团队把它们分毫不差地安装起来，确保经络通畅。心在一艺，其艺必工。历经 16 年的航电系统装配工作，周琦炜对 C919 飞机上近 7 万根电缆的装配了如指掌，也淬炼出一颗精益求精的匠心。

数据就像软件中的血液，只有深入了解数据的流通原理和管道，才能将它们送到目的地。

单元实训

≫ 实训 1　使用缓存流完成图像复制

提示：先思考一下该用字节流还是字符流。

在 /home/project/ 目录下新建源代码文件 BufferFileCopy.java：

```java
import java.io.*;
public class BufferFileCopy {
    public static void main(String[] args) {
        BufferedInputStream bufferedInputStream = null;
        BufferedOutputStream bufferedOutputStream = null;
        try{
            // 找到目标文件
            File file = new File("/home/project/cool1.png");
            File descFile = new File("/home/project/cool2.png");
            // 建立数据输入输出通道
            FileInputStream inputStream = new FileInputStream(file);
            FileOutputStream fileOutputStream = new FileOutputStream(descFile);
            // 建立缓存输入输出通道
            bufferedInputStream = new BufferedInputStream(inputStream);
            bufferedOutputStream = new BufferedOutputStream(fileOutputStream);
            // 边读边写
            int content = 0;
            while((content = bufferedInputStream.read()) != -1){
                //read 方法返回值是读取到的内容
                bufferedOutputStream.write(content);
                    // 这里如果加了 flush() 效率就会变低，如果不加则后面必须加 close 方法，把
缓存中的数据输出
                //bufferedOutputStream.flush();
            }
        }catch(IOException e){
            e.printStackTrace();
        }finally{
            try {
                if(bufferedOutputStream != null){
                    bufferedOutputStream.close();
                }
                if(bufferedOutputStream != null){
                    bufferedInputStream.close();
                }
```

```
            } catch (IOException e) {
                e.printStackTrace();
            }
        }
    }
}
```

≫ 实训2　用字节流读写文本文件

实训要求：

（1）FileInputStream 读文本文件。

FileInputStream 称为文件输入流，它是字节输入流 InputStream 抽象类的一个子类，它的作用是将文件中的数据输入到内部存储器（简称内存）中，可以利用它来读取文本文件中的数据。

（2）FileOutputStream 写文本文件。

FileOutputStream 称为文件输出流，它是字节输出流 OutputStream 抽象类的一个子类，它的作用是把内存中的数据输出到文件中，可以利用它把内存中的数据写入到文本文件中。

（3）读取和写入的文本文件均存放在磁盘特定文件夹中。

单元小结

1.String 类

在 Java 中，除了通过 String 类创建和处理字符串之外，还可以使用 StringBuffer 类来处理字符串。StringBuffer 类可以比 String 类更高效地处理字符串。

2. 文件

通过 File 类，我们可以进行创建、删除、重命名和检查文件或目录的存在等操作。我们还学习了如何遍历目录、获取文件信息等。

需要注意的是，File 类在 Java 7 及更高版本中已过时，推荐使用 java.nio.file 包中的 Path 和 Files 类进行文件操作。但是，File 类仍然可以在旧代码中使用。

3. 输入输出流

字节流和字符流都有与之匹配的缓存流来实现数据缓存操作。在日常的代码开发中，缓存流是必备的 I/O 操作条件。无论完成哪种流的操作，都不会只使用基础流，都会用缓存流来提高 I/O 操作效率。

课后巩固

扫一扫，完成课后习题。

单元4　课后习题

单元5 集合框架与泛型

▶ 单元导入

农产品销售平台在处理用户请求时，如果需要将多个表单数据合并到一起提交，这时就可以使用集合框架来完成。从数据库中查询出多条记录后，通常也会将其存储到集合中，以便后续处理。此外，利用集合框架提供的丰富的方法和算法，可以使得对这些数据的处理更加高效和灵活。

学习目标

◆ **知识目标**

- 了解和掌握 Collection 接口框架；
- 掌握 Set、List 接口框架的结构；
- 掌握泛型的定义与使用方法。

◆ **技能目标**

- 能够理解和使用 Collection 接口框架；
- 能够使用常用的 Set 接口、List 接口；
- 能够理解泛型的建立方法与作用。

◆ **素养目标**

- "工欲善其事，必先利其器"，先学会用好 Java 提供的资源；
- 树立"高起点站位"的意识，学会借鉴前人的工作成果；
- 培养精通工艺、熟悉设计、跨域学习的复合工匠精神。

💡 **知识导图**

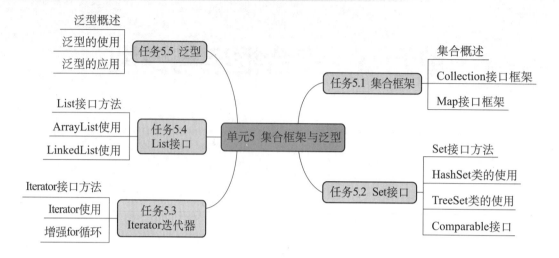

任务5.1   **集合框架**

任务描述

　　在农产品销售平台中，由于数据量大、数据关系复杂、用户对系统的响应速度要求高，传统的数组已经不能满足数据处理需求了。Java 集合框架由于其丰富的数据结构和算法，成为高性能数据处理的有效选择。

学习资源

Java 日期格式化

相关知识

5.1.1　集合概述

　　在 Java 程序设计中，数组是常用的存储信息的结构，但数组元素的长度有限制，例如，有的商品信息名称很长，可能超过了数组定义时的长度。此外，数组无法便捷地存储两个或多个有逻辑关系的数据，例如，要存储各类水果的价格，其中普通苹果 5 元 / 斤，红富士苹果 9 元 / 斤，香蕉 10 元 / 斤，西瓜 15 元 / 斤，就需要创建多个数组才能满足要求。如果采用 Java 集合类，就能方便地解决这个问题。

　　集合，也称为容器，可以将一系列元素组合成一个单元，用于存储、提取、管理数据。JDK 提供的集合 API 都包含在 java.util 包内。

　　Java 集合的框架主要分两大部分：一部分实现了 Collection 接口，该接口定义了存取一组对象的方法，其子接口 Set 和 List 分别定义了存取方式；另一部分是 Map 接口，该接口定义了存储一组"键（key）值（value）"映射对的方法。Java 集合有以下特点：

　　（1）集合只能存储对象（在 JDK 1.5 之后，自动装箱机制使得这个特点不再那么明显）。

　　（2）集合可以存储不同类型的对象。

　　（3）集合可以存储大量数据，并且可以动态扩容。

　　（4）集合提供了很多方便的数据操作方法，如搜索、排序等。

　　（5）集合有多种实现形式，如 ArrayList、LinkedList、HashSet、HashMap 等，可以根据不同需求选择最合适的实现形式。

　　需要注意的是，集合与数组不同，数组可以容纳对象和简单数据，而集合存放的都是对象的引用，而非对象本身。因此，我们称集合中的对象就是集合中对象的引用。

5.1.2　Collection 接口框架

　　Collection 是最基本的集合接口，一个 Collection 代表一组 Object，每个 Object 即为 Collection 中的元素。一些 Collection 接口的实现类允许有重复的元素，而另一些则不允许；一些 Collection 是有序的，而另一些则是无序的。

　　JDK 不提供 Collection 接口的任何直接实现类，而是提供了更具体的子接口（如 Set 接口和 List 接口）实现。这些 Set 和 List 接口继承了 Collection 接口的方法，从而保证了 Collection 接口具有更广泛的普遍性。Collection 接口框架如图 5-1 所示。

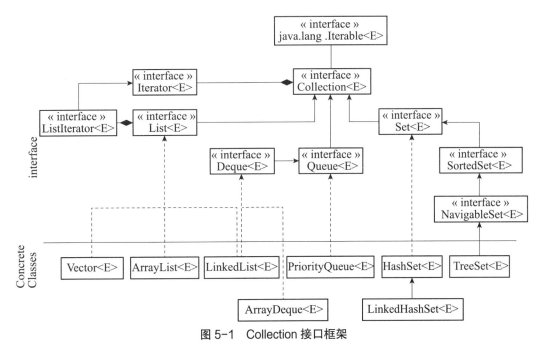

图 5-1　Collection 接口框架

　　从图 5-1 中可以看出，Collection 接口继承自 Iterable 接口，这意味着所有实现 Collection 接口的类都可以使用 foreach 循环进行迭代。Iterable 接口定义了一个 iterator() 方法，该方法返回一个可以遍历集合的迭代器。

　　Collection 接口主要有三个子接口，分别是 List 接口、Set 接口和 Queue 接口。下面简要介绍这三个接口。

1. List 接口

实现 List 接口的集合是一个有序的 Collection 序列。操作此接口的用户可以对这个序列中每个元素的位置进行精确控制，可以根据元素的索引访问元素。List 接口中的元素是可以重复的。

2. Set 接口

实现 Set 接口的集合是一个无序的 Collection 序列，该序列中的元素不可重复。因为 Set 接口是无序的，所以不可以通过索引访问 Set 接口中的数据元素。

3. Queue 接口

Queue 接口用于在处理元素前保存元素的 Collection 序列。除了具有 Collection 接口基本的操作外，Queue 接口还提供了其他操作，如插入、提取和检查等。

5.1.3　Map 接口框架

Map 接口定义了存储和操作一组"键（key）值（value）"映射对的方法。

Map 接口和 Collection 接口的本质区别在于，Collection 接口里存放的是一个个对象，而 Map 接口里存放的是一系列键值对。Map 接口集合中的 key 不要求有序，对于一个集合里的映射对而言，不能包含重复的键，每个键最多只能映射到一个值。Map 接口框架如图 5-2 所示。

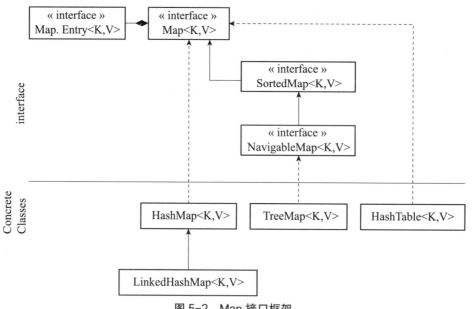

图 5-2　Map 接口框架

从图 5-2 中可以看出，HashMap 和 HashTable 是实现 Map 接口的集合类，这两个类十分类似，可以结合 JDK 帮助文档进一步了解它们的用法。

任务总结

集合可以看作是一种容器，用来存储对象信息。所有集合类都位于 java.util 包中，但支持多线程的集合类位于 java.util.concurrent 包中。Collection 集合主要有 List 和 Set 两大接口。Map 是一种把键对象和值对象映射的集合，它的每一个元素都包含一对键对象和值对象。Map 没有继承于 Collection 接口，从 Map 集合中检索元素时，只要给出键对象，就会返回对应的值对象。

任务思考

数组与集合的区别是什么？集合框架包括哪些类型？ Collection 接口框架和 Map 接口框架的区别是什么？各应用于哪些场合？

任务 5.2　　　　　　　　　　　　　　　　　　　　　Set 接口

任务描述

在农产品销售平台中，会用到集合数据结构，要求提供数据去重、数据验证、排序等，尤其是在要求数据唯一性的场合下，Set 接口成为数据处理的首选。

相关知识

5.2.1　Set 接口方法

Set 接口是 Collection 接口的子接口，除了拥有 Collection 接口的方法外，Set 接口没有提供额外的方法。下面列出了 Set 接口继承自 Collection 接口的主要方法。

1. boolean add(Object obj)

该方法向集合中添加一个数据元素，该数据元素不能和集合中现有数据元素重复。

Set 集合采用对象的 equals() 方法比较两个对象是否相等，判断某个对象是否已经存在于集合中。当向集合中添加一个对象时，HashSet 会调用对象的 hashCode() 方法来获得哈希码（HashCode），然后根据这个哈希码进一步计算出对象在集合中的存放位置。

2. void clear()

该方法移除此集合中的所有数据元素，即将集合清空。

3. boolean contains(Object obj)

该方法判断此集合中是否包含该数据元素，如果包含，则返回 true。

4. boolean isEmpty()

该方法判断集合是否为空，为空则返回 true。

5. Iterator iterator()

该方法返回一个 Iterator 对象，可以用它来遍历集合中的数据元素。

6. boolean remove(Object obj)

该方法判断此集合中是否包含该数据元素，如果包含则将其删除，并返回 true。

7. int size()

该方法返回集合中数据元素的个数，注意与数组、字符串获取长度的方法的区别。

8. Object[] toArray()

该方法返回一个数组，该数组包含集合中的所有数据元素。

5.2.2 HashSet 类的使用

Set 接口主要有两个实现类：HashSet 和 TreeSet。HashSet 类有一个子类 LinkedHashSet，它不仅实现了哈希算法，而且采用了链表结构。接下来通过一个案例来说明 HashSet 类的使用方法。

```java
import java.util.HashSet;
import java.util.Set;

class Grain {
    private String name;
    public Grain(String name) {
        this.name = name;
    }

    public String getName() {
        return name;
    }

    @Override
    public boolean equals(Object o) {
        if (this == o) return true;
        if (o == null || getClass() != o.getClass()) return false;
        Grain grain = (Grain) o;
        return name.equals(grain.name);
    }

    @Override
    public int hashCode() {
        return name.hashCode();
    }
}

public class HashSetExam {
    public static void main(String[] args) {
        Set<Grain> grainSet = new HashSet<>();
```

```
        grainSet.add(new Grain("Wheat"));

        grainSet.add(new Grain("Rice"));

        grainSet.add(new Grain("Maize"));


        // 打印所有粮食

        for (Grain grain : grainSet) {

            System.out.println(grain.getName());

        }

    }

}
```

从运行结果中可以看出，当向集合中增加一个已有（通过 equals() 方法判断）的数据元素时，没有添加成功。需要注意的是，可以通过 add() 方法的返回值判断是否添加成功，如果不获取这个返回值，Java 系统就不提示是否添加成功。

5.2.3　TreeSet 类的使用

TreeSet 类在实现了 Set 接口的同时，也实现了 SortedSet 接口，是一个具有排序功能的 Set 接口类。下面介绍 TreeSet 类的使用，同时会涉及 Java 如何实现对象间的排序功能。

TreeSet 集合中的元素按照升序排列，默认是按照自然升序排列，也就是说，TreeSet 集合中的对象需要实现 Comparable 接口。

接下来看 TreeSet 类的使用的一个简单例子。

```
import java.util.*;
public class TestTreeSet
{
    public static void main(String[] args)
    {
        Set ts = new TreeSet();
        ts.add("长粒米");
        ts.add("稻花香");
        ts.add("珍珠米");
        System.out.println(ts);
    }
}
```

从运行结果可以看出，TreeSet 集合 ts 里的元素不是毫无规律地排序，而是按照自然升序进行了排序。这是因为 TreeSet 集合中的元素是 String 类，而 String 类实现了 Comparable 接口，默认按自然顺序排序。

5.2.4　Comparable 接口

如果要定义 TreeSet 中元素的排序方式，则需要 TreeSet 集合中的对象所属的类实现 Comparable 接口，通过实现 compareTo(Object o) 方法达到排序的目的。

在农产品销售平台中，水果销售流水可以按照序号、品名进行记录，在进行销售情况分析时，希望按照序号、品名升序排列销售信息。为此可以将这些水果对象加入 TreeSet 集合后，按照序号从小到大进行排序，序号相同的再按照品名自然排序。下面的例子演示了在客户定制类（实现 Comparable 接口）中如何进行排序：

```java
import java.util.TreeSet;

public class CustomSorting {
    public static void main(String[] args) {
        // 创建一个自定义类对象的集合
        TreeSet<CustomObject> customSet = new TreeSet<>();

        // 添加自定义类对象到集合中
        customSet.add(new CustomObject(1,"Cherry"));
        customSet.add(new CustomObject(2,"Banana"));
        customSet.add(new CustomObject(2,"Grape"));
        customSet.add(new CustomObject(1,"Apple"));

        // 遍历并打印集合中的对象
        for (CustomObject object : customSet) {
            System.out.println(object);
        }
    }
}


// 自定义类，实现了 Comparable 接口
class CustomObject implements Comparable<CustomObject> {
    private int id;
    private String name;

    public CustomObject(int id, String name) {
        this.id = id;
        this.name = name;
    }

    // 实现 compareTo 方法，定义排序规则
    @Override
    public int compareTo(CustomObject other) {
        // 主要条件：按照 id 升序排列
```

```
        int order = this.id - other.id;// 升序
        // 次要条件: id 相同时, 按照 name 自然排列
        int order2 = order == 0 ? this.name.compareTo(other.name) : order;
        return order2;
    }


    @Override
    public String toString() {
        return"CustomObject{id=" + id +", name='" + name +"'}";
    }
}
```

这段代码首先定义了一个名为 CustomObject 的类，该类实现了 Comparable 接口，并重写了 compareTo() 方法来定义对象之间的比较规则；然后，在 main() 方法中创建了一个 TreeSet 集合，并向其添加了几个自定义对象；最后，遍历并打印了集合中的对象，它们是根据 id、name 属性进行排序的。这个例子展示了如何通过实现 Comparable 接口来自定义排序规则。

任务总结

在 Java 集合框架中，Set 是一个不包含重复元素的集合。它最多包含一个 null 元素。Set 接口提供了多种方法来处理集合中的元素，如添加、删除和遍历等。由于 Set 是一个接口，因此它不能直接实例化。我们需要使用它的实现类，如 HashSet、LinkedHashSet、TreeSet 等。如果要定义 TreeSet 中元素的排序方式，则需要 TreeSet 集合中的对象所属的类实现 Comparable 接口。

任务思考

Set 接口有哪些实现类？如何选择 Set 接口的实现类？Set 接口有哪些应用场景？如何定义元素的排序方式？

任务 5.3　　　　　　　Iterator 迭代器

任务描述

随着农产品销售平台的应用和迭代升级，我们需要处理的数据结构变得越来越复杂。为了方便遍历这些数据结构，迭代器模式成为一个重要的设计模式。迭代器模式提供了遍历集合对象中各元素的方法，通过它无须了解其底层结构。例如，在农产品商品列表中统计销售额时，可通过迭代器简化遍历过程，加总每个商品的销售额。此模式使代码更简洁、易维护，且适用于不同类型的集合对象，实现轻松扩展。

相关知识

5.3.1　Iterator 接口方法

前面学习的 Collection 接口、Set 接口和 List 接口，它们的实现类都没有提供遍历集合元素的方法，Iterator 迭代器为集合而生，是 Java 语言解决集合遍历的一个工具。它提供一种方法访问集合中各个元素，而不暴露该集合的内部实现细节。

Collection 接口的 iterator() 方法返回一个 Iterator 对象，通过 Iterator 接口的两个方法即可实现对集合元素的遍历。下面列举了 Iterator 接口的三个方法。

1. boolean hasNext()

判断是否存在下一个可访问的数据元素。

2. Object[next()]

返回要访问的下一个数据元素。

3. void remove()

从迭代器指向的 collection 集合中移除迭代器返回的最后一个数据元素。

5.3.2　Iterator 使用

下面通过农产品销售平台中的"谷物浏览"模块，讲解集合中 Iterator 迭代器的使用。
假设"谷物浏览"模块有如下需求：
（1）平台提供谷物信息供用户选择。
（2）系统管理员可以遍历平台中的所有谷物信息。
（3）遍历时大米、小麦分类显示，显示大米的品名、品牌，显示小麦的品名、销售地。
具体代码如下：

```
import java.util.*;
import com.dongsheng.farmproduce.*;
class GrainView
{
    public static void main(String[] args)
    {
        // 创建 HashSet 集合，用于存放车辆
        Set grainSet = new HashSet();
        // 创建 2 个大米对象、2 个小麦对象，并加入到 HashSet 集合中
        Grain r1 = new Rice("长粒米","五常");
        Grain r2 = new Rice("珍珠米","金龙鱼");
        Grain w1 = new Wheat("烟农 999","安徽");
        Grain w2 = new Wheat("丰德存麦 20","河南");
        grainSet.add(r1);
```

```
        grainSet.add(r2);
        grainSet.add(w1);
        grainSet.add(w2);
        // 使用迭代器循环输出
        Iterator it = grainSet.iterator();
        while (it.hasNext()) {
            System.out.println("*** 显示集合中元素信息 ***");
            Object obj = it.next();
            if(obj instanceof Rice)
            {
                Rice rice = (Rice)obj;
                // 调用 Rice 类的特有方法 getBrand()
                System.out.println("大米品牌为:" + rice.getBrand());
            }else{
                    Wheat wht = (Wheat)obj;
                    // 调用 Wheat 类的特有方法 getMarket()
                    System.out.println("小麦销售市场为:"+ wht.getMarket());
            }
            // 调用 Grain 类方法 show()
            ((Grain)obj).show();
        }
    }
}
```

在上例中，首先通过 Iterator 接口的 hasNext() 方法判断集合中是否还有对象元素，再通过该接口的 next() 方法获取这个对象元素，然后通过 instanceof 运算符判断这个对象是哪种类型对象，最后调用这两个类共有的 show() 方法显示全部信息。

5.3.3　增强 for 循环

增强 for 循环（也称 for each 循环）是迭代器遍历方法的一个简化版，是 JDK 1.5 之后推出的一个高级 for 循环，专门用来遍历数组和集合。其内部原理是一个 Iteration 迭代器，在遍历数组 / 集合的过程中，不能对集合中的元素进行增删操作。

下面以一个简单的案例来比较使用增强 for 循环与传统 for 循环的区别。该案例中，一个数组（或集合）中存了四种小麦品种名称字符串，分别用传统 for 循环和增强 for 循环逐个显示小麦的品名。具体代码如下：

```
import java.util.*;
public class ForEachLoop {
    public static void main(String[] args)
    {
```

```
        String[] names = {"西农 511","酒春 7 号","邯麦 19","克春 14 号"};
        // 传统 for 循环遍历
        for(int i = 0;i < names.length;i++){
            System.out.println(names[i]);
        }
        // 增强 for 循环遍历
        for(String elem:names){
            System.out.println(elem);
        }
        Set wheatSet = new HashSet();
        wheatSet.add("西农 511");
        wheatSet.add("酒春 7 号");
        wheatSet.add("邯麦 19");
        wheatSet.add("克春 14 号");
        // 迭代器遍历
        Iterator it = wheatSet.iterator();
        while (it.hasNext()){
            System.out.println(it.next());
        }
        // 增强 for 循环遍历
        for(Object elem:wheatSet){
            System.out.println((String)elem);
        }
    }
}
```

通过代码可以看出，增强 for 循环使得代码短小且精练，在遍历数组和集合的情况下，更加方便。

任务总结

在 Java 中，迭代器（Iterator）是一种用于遍历集合（Collection）元素的接口。迭代器提供了一种不依赖于索引的遍历集合元素的方式。迭代器模式还可以用于提供多种遍历方式。通过实现不同的迭代器类，程序可以以不同的方式遍历同一个集合对象。这样，用户就可以根据需要选择合适的迭代器，从而实现更加灵活的遍历操作。增强 for 循环是迭代器的简化版。

任务思考

Iterator 的作用是什么？Iterator 的应用对象是什么？如何使用 Iterator？增强 for 循环与普通循环的区别是什么？增强 for 循环与 Iterator 有联系吗？

任务 5.4　　　　　　　　　　　　　　　　　　　　　List 接口

任务描述

在农产品销售平台中，有频繁的功能调用、浏览器访问、数据处理，这些操作涉及消息队列、缓存管理、搜索算法、查询请求调度等技术，这些技术中用到了"栈""队列""链表"等集合框架，这些集合框架都是实现了 List 接口的子类。

相关知识

5.4.1　List 接口方法

List 接口是 Java 集合框架中的一个接口，继承自 Collection 接口。List 接口用于表示一个有序、可重复的集合，可以通过索引（位置）来访问和修改其中的元素。List 接口的常用实现类包括 ArrayList、LinkedList 和 Vector 等。

除了拥有 Collection 接口所拥有的方法外，List 接口还拥有下列方法：

1. void add(int index,Object o)

在集合的指定位置插入指定的数据元素。

2. Object get(int index)

返回集合中指定位置的数据元素。

3. int indexOf(Object o)

返回此集合中第一次出现的指定数据元素的索引，如果此集合不包含该数据元素，则返回 -1。

4. int lastIndexOf(Object o)

返回此集合中最后出现的指定数据元素的索引，如果此集合不包含该数据元素，则返回 -1。

5. Object remove(int index)

移除集合中指定位置的数据元素。

6. Object set(int index,Object o)

用指定数据元素替换集合中指定位置的数据元素。

5.4.2　ArrayList 使用

ArrayList 实现了 List 接口，在存储方式上 ArrayList 采用数组进行顺序存储。ArrayList 对数组进行了封装，实现了可变长度的数组。与 ArrayList 不同的是 LinkedList，它在存储方式上采用链表进行链式存储。

ArrayList 是用数组实现的，在插入或删除数据元素时，需要批量移动数据元素，故性能较差；但在查询数据元素时，因为数组是连续存储的，且可以通过下标进行访问，所以在遍历元素或随机访问元素时效率高。LinkedList 正好与之相反。

对前面设计的"谷物浏览"模块进行修改，假设"谷物浏览"模块有如下需求：

（1）客户可以遍历平台中的所有谷物，但只能看到品种和品名。

（2）当客户选中某种产品时，需要显示该产品信息。

修改后的代码如下所示：

```java
import java.util.*;
import com.dongsheng.farmproduce.*;
class GrainView2
{
    public static void main(String[] args)
    {
        int index = -1;                 //用于显示序号
        Scanner input = new Scanner(System.in);
        //创建ArrayList集合，用于存放车辆
        List grainList = new ArrayList();
        Grain r1 = new Rice("长粒米","五常");
        Grain r2 = new Rice("珍珠米","金龙鱼");
        Grain w1 = new Wheat("烟农999","安徽");
        Grain w2 = new Wheat("丰德存麦20","河南");
        grainList.add(r1);                      //将r1追加到grainList集合的末尾
        grainList.add(r2);
        grainList.add(w1);
        grainList.add(w2);
        System.out.println("*** 显示谷物信息 ***");
        index = 1;
        //增强for循环遍历
        for(Object obj:grainList){
            if(obj instanceof Rice)
            {
                Rice rice = (Rice)obj;
                System.out.println(index +"大米品名为:"+ rice.getName());
            }else{
                    Wheat wht = (Wheat)obj;
                    System.out.print1n(index +"小麦品名为:"+ wht.getName());
            }
```

```
            index++;
        }

        System.out.print("请输入要显示详细信息的谷物编号:");
        // 根据索引获取 grainList 集合中的元素, 类型转换后调用 show() 方法输出
        ((Grain)grainList.get(input.nextInt()-1)).show();
        }
    }
```

此例中采用了增强 for 循环的方式遍历了 ArrayList 集合中的所有元素, 集合中元素的顺序是按照 add() 方法调用的顺序依次存储的, 再通过调用 ArrayList 接口的 get(int index) 方法获取指定位置的元素, 并输出该对象的信息。

5.4.3　LinkedList 使用

链表（LinkedList）是一种线性表, 它不是按线性的顺序存储数据, 而是在每一个节点里存储下一个节点的地址。

LinedList 是一个 List 集合, 它的实现方式和 ArrayList 是完全不同的。ArrayList 的底层是通过一个动态的 Object[] 数组实现的, 而 LinkedList 的底层是通过链表来实现的, 因此它的随机访问速度是比较差的, 但是它的删除、插入操作很快。LinkedList 接口除了拥有 ArrayList 接口提供的方法外, 还增加了如下一些方法。

1. void addFirst(Object o)

将指定数据元素插入此集合的开头。

2. void addLast(Object o)

将指定数据元素插入此集合的结尾。

3. Object getFirst()

返回此集合的第一个数据元素。

4. Object getLast()

返回此集合的最后一个数据元素。

5. Object removeFirst()

移除并返回此集合的第一个数据元素。

6. Object removeLast()

移除并返回此集合的最后一个数据元素。

任务总结

在 Java 的集合框架中, List 接口是一个有序、可重复的集合, 它扩展了 Collection 接口, 并提供了根据索引访问、添加、删除和替换元素的方法。常见实现类包括 ArrayList、LinkedList 和 Vector,

它们适用于不同的应用场合。对于需要快速插入、删除元素的操作，应该使用 LinkedList；对于需要快速随机访问元素的操作，应该使用 ArrayList；对于"单线程环境"或"多线程环境，但 List 只会被单个线程操作"，应该使用非同步的类（如 ArrayList）；对于"多线程环境，且 List 可能同时被多个线程操作"，应该使用同步的类（如 Vector）。

任务思考

List 接口与 Set 接口的区别是什么？List 接口有哪几种实现子类？List 接口有哪些方法？List 接口可应用于哪些场景？如何判断链表是否为空？

任务5.5　　　　　　　　　　　　　　　　　　泛　型

任务描述

在农产品销售平台中，每一个功能的实现都要通过方法调用来实现，在调用方法时一般都要传递参数。在没有使用泛型的情况下，如果要在方法中实现参数"任意化"，通常会将参数定义成 Object 类型，使用时再进行强制类型转换。而强制类型转换有明显的缺点，即只有知道实际参数的具体类型，才可以进行类型转换，且在强制类型转换的过程中，编译器不会提示错误信息，只有在运行阶段才会发现异常，因此在一定程度上存在安全隐患。而通过泛型实现参数数据类型的任意化，既灵活又安全，易于维护。

学习资源

泛型

相关知识

5.5.1　泛型概述

Java 泛型（Generics）是 JDK 5 中引入的一个新特性。泛型提供了编译时类型安全检测机制，该机制允许程序员在编译时检测到非法的类型。

泛型的本质是参数化类型，即将类型作为一个参数，然后在使用时再指定此参数具体的值。这种参数类型可以用在类、接口、方法中，分别被称为泛型类、泛型接口、泛型方法。

先看一个例子：

```
List arrayList = new ArrayList();
```

```
arrayList.add("aaa");
arrayList.add(100);
for(int i = 0; i < arrayList.size();i++){
    System.out.println((String)arrayList.get(i));
}
```

运行上述代码，我们可以在控制台看到这样的错误信息：

```
java.lang.ClassCastException: java.lang.Integer cannot be cast to java.lang.
String
```

ArrayList 可以存放任意类型，例子中添加了一个 String 类型元素和一个 Integer 类型元素，都以 String 类型元素使用，因此程序崩溃了。为了（在编译阶段）解决类似的问题，泛型应运而生。

泛型是指参数化类型的能力，其最初的目的是希望类或方法能够具备最广泛的表达能力。可以定义带泛型类型的类或方法，随后编译器会用具体类型来替换它。在程序中使用泛型的好处是能够在编译时检查出错误，而不是在运行时刻。

从 JDK 1.5 开始，Java 允许定义泛型类、泛型接口和泛型方法，已经使用泛型对 Java API 中的类、接口和方法进行了修改。例如，在 JDK 1.5 之前接口 Comparable 的定义如下：

```
public interface Comparable {
    public int CompareTo(Object o)
}
```

而在 JDK 1.5 之后，其定义如下：

```
public interface Comparable<T> {
    public int CompareTo(T o)
}
```

程序中的 <T>（或 <E>）是一个泛型类型参数，代表一个类型变量，随后可以使用一个具体类型参数（实参）替换它。替换泛型类型参数、生成泛型对象的过程称为泛型实例化。

创建"容器（Collection，集合）类"是促使泛型出现的原因之一。泛型可以使集合记住其内各元素的类型，并且能够在编译时找出错误。JDK 1.5 之后，已经使用泛型对 Java API 进行改写。下面程序展示了使用泛型改写后的 ArrayList 类：

```
import java.util.*;
public class ArrayListGenerics {
    public static void main(String[] args) {
        List<String> list = new ArrayList<String>();
        list.add("aaa");
        list.add("bbb");
        //list.add(2);
        for (int i = 0; i < list.size(); i++) {
```

```
            String elem = list.get(i);
            System.out.println("element:" + elem);
        }
    }
}
```

5.5.2 泛型的使用

泛型有三种使用方式，分别为泛型类、泛型接口、泛型方法。

1. 泛型类

泛型类型用于类的定义中，被称为泛型类。通过泛型可以完成对一组类的操作，并对外提供相同的接口。最典型的就是各种容器类，如 List、Set、Map。

泛型类的声明格式：

```
class 类名称 <泛型标识：类型参数，用于指代任何数据类型 >{private 泛型标识 /*（成员变量类型）*/ 变量名；...}
    }
```

泛型标识可以任意设置。Java 常见的泛型标识及其代表的含义如下：

T：代表一般的任何类。

E：代表 Element（元素），或者 Exception（异常）。

K：代表 Key。

V：代表 Value，通常与 K 一起配合使用。

S：代表 Subtype，表示子类型。

示例代码如下：

```
public class Apple<T> {
    // 使用 T 类型定义变量
    private T info;
    public Apple() {}
    // 使用 T 类型定义构造方法
    public Apple(T info){this.info=info;}
    public T getInfo() {return info;}
    public void setInfo(T info) {this.info = info;}
    public static void main(String[] args) {
        // 由于传给 T 形参的是 String，因此构造方法参数只能是 String
        Apple<String> apple=new Apple<String>("苹果");
        System.out.println(apple.getInfo());
        // 由于传给 T 形参的是 Double，因此构造方法参数只能是 Double
        Apple<Double> apple2=new Apple<Double>(5.56);
        System.out.println(apple2.getInfo());
```

```
        }
    }
```

2. 泛型接口

接口也可以定义为泛型，带有泛型参数，语法与定义泛型类的类似。

带有泛型参数接口的声明格式：

```
interface 接口名 < 类型参数列表 > {  }
```

实现泛型接口的类的声明格式：

```
class 类名 [< 类型参数列表 >] implements
        接口名 < 类型参数列表 > {   }
```

示例代码如下：

```
interface Info<T> {        // 在接口上定义泛型
    public T getVar();      // 定义抽象方法，抽象方法的返回值就是泛型类型
}

class InfoClass<T> implements Info<T>{    // 定义泛型接口的类
    private T var ;         // 定义属性
    public InfoClass(T var){   this.setVar(var);      }
    public void setVar(T var){   this.var = var;  }
    public T getVar(){      return this.var;     }
}
```

该泛型示例的测试代码如下：

```
class GenericsDemo{
    public static void main(String arsg[]){
        Info<String> i = null;                  // 声明接口对象
        i = new InfoClass<String>("红富士") ; // 通过类实例化对象
       System.out.println("属性:"+ i.getVar()) ;
    }
}
```

3. 泛型方法

当在一个方法的返回值前面声明了一个 < T > 时，该方法就被声明为一个泛型方法。< T > 是一个类型参数，该类型参数只能在该方法中使用。泛型方法也可以使用泛型类中定义的泛型参数。

下面的例子演示了如何将求两个整数中最大值的方法修改为泛型方法的过程。

```
public Integer getMax(Integer x,Integer y){
```

```
    if(x > y)
        return x;
    else
        return y;
}
```

使用 Number 类型作为参数，重新编写的代码如下：

```
public Number getMax(Number x, Number y){
    if(x.doubleValue() > y.doubleValue())
        return x;
    else
        return y;
}
```

可以用泛型方法求任意两个数之间的最大值。

泛型方法的定义格式为：

```
访问修饰符 <泛型参数列表> 返回类型 方法名 (参数列表) {
    ...
}
```

其中，泛型参数列表为用逗号分隔的 Java 标识符。在泛型参数列表中声明的泛型，可用于该方法的返回类型声明、参数类型声明和方法代码中的局部变量的类型声明。类中其他方法不能使用当前方法声明的泛型。

示例代码如下：

```
public class GenericMethod {
    public static <T extends Number> T getMax(T x,T y){
        //Number 对象都有 doubleValue() 方法
        if(x.doubleValue() > y.doubleValue())
            return x;
        else
            return y;
    }

    // 泛型方法示例代码的测试代码如下：

    public static void main(String[] args) {
        Integer a=3,b=6;
        Double x=12.3,y=22.5;
        Integer maxV1=GenericMethod.getMax(a, b);
        //Integer maxV1=GenericMethod.<Integer>getMax(a, b);
        //<Integer> 可省略
```

```
        System.out.println("maxV="+maxV1);
        Double maxV2=GenericMethod.getMax(x, y);
        System.out.println("maxV2="+maxV2);
    }
}
```

5.5.3　泛型的应用

下面定义了一个泛型接口水果篮，使用水果大礼包类实现了这个接口，系统会根据设定的水果类型，随机地在水果大礼包中放水果（对象），本例可以作为生成水果大礼包功能的一部分。示例代码如下：

```
public interface FruitBasket<T> {
    T getFruit();
}
//Fruit 类
public class Fruit {
}
//Apple 子类
public class Apple extends Fruit {
    private String name="Apple";
    @Override
    public String toString() {
        return"Apple [name="+name+"]";
    }
}
//Banana 子类
public class Banana extends Fruit {
    private String name="Banana";
    @Override
    public String toString() {
        return"Banana [name="+name+"]";
    }
}
//FruitGiftPack 类，实现 FruitBasket 接口，它能随机生成不同类型的 Fruit 对象
public class FruitGiftPack implements FruitBasket<Fruit> {
    private Class [] type={Apple.class,Banana.class};
    @Override
    public Fruit getFruit() {
        try {
            return (Fruit)type[new Random().nextInt(type.length)].newInstance();
```

```
        } catch (InstantiationException e) {
                e.printStackTrace();
        } catch (IllegalAccessException e) {
                e.printStackTrace();
        }
        return null;
    }
    public static void main(String[] args) {
        FruitGiftPack pack=new FruitGiftPack();
        System.out.println(pack.getFruit());
    }
}
```

任务总结

泛型的本质是参数化类型，即操作的数据类型被以一个参数的方式进行传递，类似于方法中的变量参数。泛型可以用在类、接口、方法的创建中，分别简称为泛型类、泛型接口、泛型方法。泛型在 Java 编程中的应用非常广泛，尤其是在集合框架中。泛型方法是 Java 泛型编程中的一个核心概念，它允许在方法级别上指定泛型类型，使得方法能够在不同类型的上下文中重用。这种方法不仅能提升代码的复用性，还能保持代码的清晰度和类型安全。

任务思考

为什么要使用泛型？泛型有哪几种类型？泛型有哪些应用场景？能够在普通类中定义泛型方法吗？

素养之窗

20 年"拼"出精益求精：2020 年大国工匠年度人物冯辉

冯辉是中国航天科工集团有限公司第三研究院 239 厂总装中心装配工。在同一岗位深耕细作 20 年的冯辉，已经轮转过各道工序。其间，他自学了产品结构力学知识，掌握了螺钉螺帽铆合技巧；辅修了电路原理课程，熟稔敷设线缆方法，做到架设通电导线互不干扰。每当接到产品图纸的那一刻，冯辉的脑海中总能程序化地生成产品三维立体模型，每个零部件自动找正位置，自然而然地搭建成为智能化的产品。冯辉带领他的团队向外科医生借鉴经验，在装配前将零件分门别类，放在不同的格子里，每个产品的零件定额定量，作为单件配套物料盒。装配完成后，一旦发现少了一颗螺钉，他们就会重新检查当天的工作流程，从而有效地避免了"多余物"的产生。

Java 提供了丰富的类和框架，类似于航空系统中的零部件，这些资源可以应用于用户的软件系统中，软件开发的部分工作就是对现有资源的"装配"，在设计软件模块时，要有"组件装配"的思维。

单元实训

≫ 实训1　使用集合框架建立员工通讯录

通讯录要求具备以下功能：

（1）添加联系人；

（2）显示所有联系人；

（3）查找某联系人；

（4）修改联系人信息；

（5）删除联系人。

≫ 实训2　用泛型计算任意锥体的体积

实训要求：

（1）锥体的底面形状不限。

（2）锥体的高度可以设置。

（3）用泛型设计和实现。

单元小结

（1）HashSet 由哈希表（实际上是一个 HashMap 实例）支持。它不保证 set 的迭代顺序，特别是它不保证该顺序恒久不变。

（2）TreeSet 是一个有序的集合，它的作用是提供有序的 Set 集合。

（3）Iterator（迭代器）是一个接口，它的作用是遍历容器的所有元素。

（4）Java 5 引入了一种主要用于数组的增强 for 循环。可变参数适用于参数个数不确定、类型确定的情况，Java 把可变参数当做数组处理。

（5）ArrayList 类可以实现一个可增长的动态数组，位于 java.util.ArrayList 中。ArrayList 实现了 List 接口，它可以存储不同类型的对象（包括 null 在内），而数组则只能存放特定数据类型的值。

（6）LinkedList 类实现了 List 接口，允许有 null（空）元素，主要用于创建链表数据结构。该类没有同步方法，如果多个线程同时访问一个 List，则必须自己实现访问同步，解决方法就是在创建 List 的时候构造一个同步的 List。

（7）Vector 可以实现一个可增长的对象数组。与数组一样，它包含可以使用整数索引进行访问的组件。

（8）java.util.Arrays 类能方便地操作数组，它提供的所有方法都是静态的。

（9）泛型即参数化类型，也就是说数据类型变成了一个可变的参数，在不使用泛型的情况下，参数的数据类型都是先指定，再使用；使用泛型之后，可以根据程序的需要进行改变。

课后巩固

扫一扫，完成课后习题。

单元5　课后习题

单元6　访问数据库

📺 单元导入

在采用 Java 技术开发农产品销售平台的过程中，需要实现数据的持久化，将内存中的数据保存到数据库中，如用户信息、产品信息等的存储；从数据库中查询数据，如根据产品编号查询产品信息；更新数据库中的数据，如修改用户信息；需要进行事务管理，确保数据库操作的原子性、一致性、隔离性和持久性，如银行转账；需要进行数据分析，使用 SQL 查询语句进行数据分析，如统计用户购买农产品的情况。

学习目标

◆ **知识目标**
- 了解和掌握 JDBC 原理；
- 理解和掌握 JDBC 访问 MySQL 数据库的步骤；
- 掌握 JDBC 访问数据库的方法。

◆ **技能目标**
- 能够理解 JDBC 原理；
- 能够熟练使用 JDBC API 中的常用对象；
- 会使用 JDBC 处理数据。

◆ **素养目标**
- 了解数据库等基础软件国产化的重要性；
- 了解标准化要求，培养创新思维；
- 培养久久为功、自主创新的数据工匠精神。

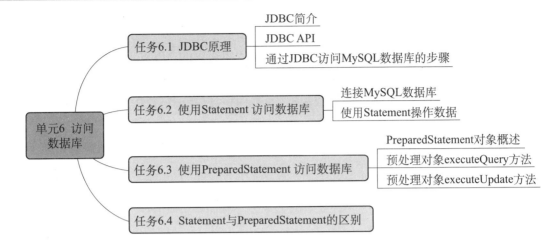

💡 **知识导图**

任务6.1　JDBC原理
- JDBC简介
- JDBC API
- 通过JDBC访问MySQL数据库的步骤

任务6.2　使用Statement 访问数据库
- 连接MySQL数据库
- 使用Statement操作数据

任务6.3　使用PreparedStatement 访问数据库
- PreparedStatement对象概述
- 预处理对象executeQuery方法
- 预处理对象executeUpdate方法

任务6.4　Statement与PreparedStatement的区别

单元6 访问数据库

任务 6.1　JDBC 原理

任务描述

在农产品销售平台中，数据访问是系统的常规操作。随着系统的运行和迭代开发，数据量越来越大，访问频率越来越高，数据库管理系统（如 MySQL）能够保障数据的可靠性、一致性，但数据响应速度很大程度上由数据库访问接口决定，JDBC 就是一款稳定、高效的数据库访问接口工具。开发人员通过加载 JDBC 驱动程序，就能操作数据库了。

学习资源

JDBC 连接数据库

相关知识

6.1.1　JDBC 简介

JDBC（Java Data Base Connectivity，Java 数据库连接）是一种用于执行 SQL 语句的 Java API，可以为多种关系数据库提供统一访问接口。它由一组用 Java 语言编写的类和接口组成，这些类和接口在 java.sql 和 javax.sql 包中。开发 JDBC 应用时，除了需要这 2 个包的支持外，还要导入相应的 JDBC 数据库驱动程序。

通过 JDBC 访问数据库主要有三个步骤：建立与数据库的连接，执行 SQL 语句，获取执行结果。

JDBC 驱动程序主要有四种类型：JDBC-ODBC 桥接驱动程序、本地 API 驱动程序、网络协议驱动程序以及纯 Java 驱动程序。

JDBC-ODBC 桥：最早实现的 JDBC 驱动程序，通过一组通用的 API 访问不同的数据库管理系统，ODBC 对数据库厂商提供的相应驱动程序进行管理。

本地 API 驱动：直接将 JDBC API 映射成数据库特定的客户端，包含特定数据库的本地代码，用于访问特定数据库的客户端。

网络协议驱动：将 JDBC 调用翻译成中间供应商的协议，再由中间服务器翻译成数据库访问协议。

本地协议驱动：由纯 Java 编写，可以直接连接到数据库（推荐）。

6.1.2　JDBC API

JDBC API 提供一系列与数据库连接的接口和类（java.sql 包和 javax.sql 包），其主要功能见表 6-1。

表 6-1　JDBC API 功能

名称	功能描述
DriverManager	用于管理 JDBC 驱动的服务类，主要功能是加载和卸载各种驱动程序、获取数据库连接对象并建立连接
Connection	代表数据库连接的工具接口
Statement	用于执行 SQL 语句的工具接口
PreparedStatement	用于执行预编译的 SQL 语句，这些 SQL 语句都带有参数，避免数据库每次都需要编译 SQL 语句，执行时只需要传入参数即可
CallableStatement	用于调用 SQL 存储过程
ResultSet	表示结果集，包含查询结果的各种方法

1. DriverManager 类

DriverManager 是数据库驱动管理类，用于注册驱动，获取与数据库的连接。

2. Connection 接口

Connection 接口用于连接数据库，每个 Connection 对象都代表一个数据库连接。

通过 DriverManager 类的 getConnection() 方法可以返回一个 Connection 对象，该对象提供了创建 SQL 语句的方法，同时为数据库事务提供了提交和回滚的方法。

3. Statement 接口

Statement 接口用于执行 SQL 语句。

JDBC 执行 SQL 语句的三种方式（往上继承）：一般查询（Statement）、参数查询（PreparedStatement）、存储过程（CallableStatement）。

Statement 接口的主要功能是将 SQL 语句传递给数据库，并返回执行结果。其语句是静态的，不需要接收任何参数。

4. ResultSet 接口

ResultSet 接口用于封装结果集对象，该对象包含访问查询结果集的方法。

ResultSet 具有指向当前数据行的游标，并提供许多方法操作结果集中的游标，同时还提供一个 getXxx() 方法对结果集中的数据进行访问，这些方法可以通过索引列下标或列名取得数据。

ResultSet 对象的游标最初位于第一行之前，每调用一次 next() 方法，游标就会向下移动一行，从而依次读取结果集的所有行。

getXxx() 方法用于对游标指向的数据行的列数据进行访问，在使用 getXxx() 方法取值时，注意数据库字段（列）的数据类型要与被赋值的 Java 变量的数据类型相一致。

6.1.3 通过 JDBC 访问 MySQL 数据库的步骤

通过 JDBC 访问 MySQL 数据库的步骤包括注册驱动、获得连接、定义要执行的 SQL 语句、执行 SQL 语句、处理结果集、释放资源。

需要先在 IDE 项目（Project）中导入 JDBC for MySQL 驱动程序（在 MySQL 官网下载，注意需要与数据库的版本一致），若没有特别说明，本单元数据库均以 MySQL 5.X 版本为例，对应的 JDBC 驱动包是 mysql-connector-java-5.1.20-bin.jar。

1. 注册驱动

```
Class.forName("com.mysql.jdbc.Driver");
```

2. 获得连接

```
DriverManager.getConnection(url,username,password);
```

三个参数分别表示：

url：连接串，表示需要连接数据库的位置（网址）；

username：MySQL 用户名；

password：密码。

JDBC 规定 getConnection() 方法的参数由三个部分组成，每个部分的中间使用逗号分开。例如：

```
url="jdbc:mysql://localhost:3306/MyDB,root,123456";
```

3. 定义要执行的 SQL 语句

```
String sql="insert into category(cid,cname) value('c007', '种苗')";
```

Statement 语句执行者代码：

```
Statement stmt = con.createStatement();
```

4. 执行 SQL 语句

int 设置对象 = 对象 . excuteUpdate(String sql);：执行 insert、update、delete 语句（DML 语句）。

ResultSet 设置对象 = 对象 .executeQuery(String sql);：执行 select 语句（DQL 语句）。

boolean 设置对象 = 对象 .execute(String sql);：执行 select 语句，如果数据集不为空，则返回 true，否则返回 false。如果返回 true，则可以通过 getResultSet() 方法获取结果集。

5. 处理结果集

ResultSet 逻辑上是一个由行和列组成的二维表，包含查询所返回的数据。当第一次调用 next() 方法的时候，行光标就到了第一行记录的位置。ResultSet 有以下常用方法：

（1）移动光标。

使用 next() 方法将光标移动到下一行，如果存在下一行数据，则该方法返回 true，否则返回 false。

（2）获取数据。

一旦光标位于某一行，那么可以使用不同的 getter 方法来获取该行中列的数据。例如，getString() 方法用于获取字符串类型的数据，getInt() 方法用于获取整数类型的数据等。

（3）获取列数。

可以使用 getMetaData() 方法获取 ResultSet 的元数据，然后使用 getColumnCount() 方法获取结果集中的列数。

（4）获取列名。

通过元数据，可以使用 getColumnName(columnIndex) 获取列名。

（5）获取列的数据类型。

通过元数据，可以使用 getColumnType(columnIndex) 获取列的数据类型。

6. 释放资源

语法格式如下：

```
rs.close();

stsmt.close();

con.close();
```

（任务总结）

JDBC 是 Java 访问数据库的标准规范，可以为不同的关系型数据库提供统一访问接口，它由一组用 Java 语言编写的接口和类组成。在使用 JDBC 进行数据库操作之前，需要安装并配置数据库和 JDBC 驱动程序。JDBC 驱动程序是一个 Java 库，它允许 Java 应用程序与数据库进行通信。大多数数据库供应商都提供了自己的 JDBC 驱动程序，可以从官方网站下载并安装它们。另外，用户还需要确保其 JDK 版本是兼容的，并且已经学习了如何使用 JDBC API。

（任务思考）

JDBC 模型的功能是什么？它有哪几种常用类型？它包括哪些主要 API ？如何加载 JDBC 数据库驱动程序？通过 JDBC 访问数据库的一般步骤是什么？

任务 6.2 　　　　　　使用 Statement 访问数据库

任务描述

在使用 JDBC 访问数据库之前，我们已经熟悉了 MySQL 数据库的配置与基本操作，已经会使用 Navicat 等可视化工具来管理数据库了。在可视化管理工具或命令行方式下，我们是通过 SQL 语言来操作数据库的。按照这样的逻辑，我们如何在 Java 程序中实现数据库访问呢？最直接的方式，就是在 JDBC 的 Statement 对象中定义操作数据库的 SQL 语句，通过执行 SQL 语句来访问数据库。

学习资源

JDBC 查询数据表

相关知识

6.2.1 连接 MySQL 数据库

搭建好数据库环境后，我们就可以用 Navicat for MySQL 数据库管理工具，通过可视化的方式创建 MyDB 数据库并准备相应的实验数据。相关代码如下：

```
create database MyDB Character set utf8 collate utf8_general_ci;
useMyDB
create table user
(
 id int primary key,
 name varchar(20),
 password varchar(18),
 email varchar(20),
 birthday Date
);

insert into user(id,name,password,email,birthday) values(1,'李东','123456','dongli@163.
```

```
com','2004-12-01');
    insert into user(id,name,password,email,birthday) values(2,'张可儿','123456', 'kerzhang@163.
com','2004-03-12');
    insert  into  user(id,name,password,email,birthday)  values(3,' 林
盛','123456','shenglin@163.com','2005-01-19');
```

连接数据库的步骤主要有设置连接串、注册驱动类、建立连接对象、定义 SQL 语句、执行 SQL
命令、获得 SQL 命令的执行结果。示例代码如下：

```java
public class DBConnect {
    public static void main(String[] args) throws Exception {


        String url ="jdbc:mysql://localhost:3306/MyDB";
        String username ="root";
        String password ="123456";


        try{
            //1. 加载驱动程序
            Class.forName("com.mysql.jdbc.Driver");
            //2. 获取数据库连接
            Connection conn = DriverManager.getConnection(url, username, password);
            //3. 创建用于向数据库发送 SQL 命令的 statement 对象
            Statement st = conn.createStatement();
            //4. 执行 SQL 命令，并获得结果集 ResultSet
            String sql ="select id,name,password,email,birthday from user";
            ResultSet rs = st.executeQuery(sql);
            //5. 对结果集中的数据进行操作
            while(rs.next()){
                int id = (Integer) rs.getObject("id");
                String name = (String)rs.getObject("name");
                String pd = (String)rs.getObject("password");
                String email = (String)rs.getObject("email");
                Date birthday = (Date)rs.getObject("birthday");
                System.out.println(id+","+name+","+pd+","+email+","+birthday);
            }
        }
        // 关闭连接
        finally{
            if(rs != null){
                try{
```

```
        rs.close();
    }catch(Exception e) {
        e.printStackTrace();
    }
    rs = null;
}
if(st != null){
    try{
        st.close();
    }catch(Exception e) {
        e.printStackTrace();
    }
    st = null;
}
if(conn != null){
    try{
        conn.close();
    }catch(Exception e) {
        e.printStackTrace();
    }
    conn = null;
}
    }
  }
}
```

6.2.2 使用 Statement 操作数据

Statement 类的使用步骤如下：

1. 创建 Statement 对象

建立了与数据库的连接之后，就可以向该连接对象发送 SQL 语句。Statement 对象用 Connection 对象的 createStatement() 方法创建，如下列代码段所示：

```
Connection con = DriverManager.getConnection(url,"root","123456");
Statement stmt = con.createStatement();
```

要发送给数据库的 SQL 语句将被作为 Statement 对象的 executeQuery() 方法的参数：

```
ResultSet rs = stmt.executeQuery("SELECT col1,col2, col3 FROM tablename");
```

2. 使用 Statement 对象执行语句

Statement 接口提供了三种执行 SQL 语句的方法：executeQuery、executeUpdate 和 execute。上述三种方法分别表示使用 SQL 语句进行查询、更新和未知类型操作。

在对数据库进行操作之前需要先建立连接，在操作之后都需要释放资源，这些操作可以封装到 JDBCUtils 类中：

```java
public class JDBCUtils {
    private static String driver = null;
    private static String url = null;
    private static String username = null;
    private static String password = null;
    //加载驱动
    static{
        try {
            //db.properties 是一个配置文件，里面有连接数据库所需要的信息
            InputStream in = JDBCUtils.class.getClassLoader().getResource AsStream("db.properties");
            Properties prop = new Properties();
            prop.load(in);//加载配置文件
            driver = prop.getProperty("driver");
            url = prop.getProperty("url");
            username = prop.getProperty("username");
            password = prop.getProperty("password");

            Class.forName(driver);//加载驱动
        } catch (Exception e) {
            throw new ExceptionInInitializerError(e);
        }
    }

    public static Connection getConnection() throws SQLException{
        return DriverManager.getConnection(url, username, password);//获得connection
    }
    public static void release(Connection conn, Statement st, ResultSet rs){ //释放资源
        if(rs != null){
            try{
                rs.close();
            }catch(Exception e) {
                e.printStackTrace();
            }
```

```
        rs = null;
    }
    if(st != null){
        try{
            st.close();
        }catch(Exception e) {
            e.printStackTrace();
        }
        st = null;
    }
    if(conn != null){
        try{
            conn.close();
        }catch(Exception e) {
            e.printStackTrace();
        }
        conn = null;
    }
}
}
```

db.properties 文件：

```
driver=com.mysql.jdbc.Driver
url=jdbc:mysql://localhost:3306/MyDB
username=root
password=123456
```

下面是对数据库进行增删改查操作的示例代码：

```java
// 使用 JDBC 对数据库进行增删改查操作
public class DataManipulate {
  private Connection conn = null;
  private Statement st = null;
  private ResultSet rs = null;

  @Test
  public void insert(){
    try {
      conn = JDBCUtils.getConnection();
      st = conn.createStatement();
```

```
        String sql ="insert into user(id,name,password,email,birthday) values(4,'邹叙畅',
'123456','xuchangzh@163.com','2003-06-14');";
        // 返回的是该 sql 语句会影响数据库的数行
        int num = st.executeUpdate(sql);
        if(num > 0){
            System.out.println(num);
            System.out.println(" 插入成功 ");
        }
    } catch (Exception e) {
        e.printStackTrace();
    }finally {
        JDBCUtils.release(conn, st, rs);
    }
}


@Test
public void delete(){
    try {
        conn = JDBCUtils.getConnection();
        st = conn.createStatement();
        String sql ="delete from user where password='123'";
        int num = st.executeUpdate(sql);
        if(num > 0){
            System.out.println(num);
            System.out.println("删除成功");
        }
    } catch (Exception e) {
        e.printStackTrace();
    }finally {
        JDBCUtils.release(conn, st, rs);
    }
}


@Test
public void update(){
    try {
        conn = JDBCUtils.getConnection();
        st = conn.createStatement();
        String sql ="update user set password='abcd' where name='李东'";
```

```
        int num = st.executeUpdate(sql);
        if(num > 0) {
            System.out.println(num);
            System.out.println("修改成功");
        }
    } catch (Exception e) {
        e.printStackTrace();
    }finally {
        JDBCUtils.release(conn, st, rs);
    }
}


@Tes
public void search(){
    try {
        conn = JDBCUtils.getConnection();
        st = conn.createStatement();
        String sql ="select id,name,password,email,birthday from user";
        rs = st.executeQuery(sql);
        while(rs.next()){
            int id = (Integer)rs.getObject("id");
            String name = (String)rs.getObject("name");
            String password = (String)rs.getObject("password");
            String email = (String)rs.getObject("email");
            Date birthday = (Date)rs.getObject("birthday");
            System.out.println(id+","+name+","+password+","+email+","+birthday);
        }
    } catch (Exception e) {
        e.printStackTrace();
    }finally {
        JDBCUtils.release(conn, st, rs);
    }
}
```

任务总结

  JDBC API 的主要功能包括与数据库建立连接 Connection，通过 Statement（PreparedStatement）向数据库发送 SQL 语句，返回查询执行结果 ResultSet。Statement 是 Java 执行数据库操作的一个重要接口，用于在已经建立数据库连接的基础上，向数据库发送要执行的 SQL 语句。Statement 对象用于执行不带参数的简单 SQL 语句。使用 Statement 对象来访问数据库是不安全的，因为它可能会导致 SQL 注入攻击。

任务思考

JDBC 支持哪些数据源？通过 JDBC 访问数据库需要哪些步骤？ JDBC 与数据库驱动程序之间是什么关系？使用 Statement 对象来访问数据库是不安全的吗？有什么解决办法？

任务6.3　使用 PreparedStatement 访问数据库

任务描述

在通过 JDBC 访问数据库的过程中，当需要向数据库发送带参数的 SQL 语句时，我们通常会使用 PreparedStatement 接口。PreparedStatement 继承自 Statement 接口，用于预编译 SQL 语句并执行参数化查询，这样可以提高执行效率并防止 SQL 注入攻击。

学习资源

JDBC 维护数据表

相关知识

6.3.1　PreparedStatement 对象概述

PreparedStatement 接口是 Statement 接口的子接口。PreparedStatement 对象允许使用占位符指定 SQL 语句的参数，同时可以多次执行相同的 SQL 语句。PreparedStatement 对象可以避免 SQL 注入攻击，同时通过预编译 SQL 语句，也可以减少数据库的访问负载。

使用 PreparedStatement 预处理对象时，建议每条 SQL 语句所有的实参都使用逗号分隔：

```
String sql ="insert into user(name,password) values(?,?)";
```

创建 PreparedStatement 预处理对象：

```
PreparedStatement pre = conn.prepareStatement(sql);
```

执行 SQL 语句：

int executeUpdate()：执行 insert update delete 语句。

ResultSet executeQuery()：执行 select 语句。

boolean execute()：执行 select 语句，返回 true；执行其他语句，返回 false。

设置实际参数：

void setXxx(int index, Xxx xx)：将指定参数设置为给定 Java 的 xx 值。在将此值发送到数据库时，驱动程序将它转换成一个 SQL Xxx 类型值。

6.3.2 预处理对象 executeQuery 方法

从 user 表中查询数据，示例代码如下：

```java
public static void main(String[] args) throws SQLException, ClassNotFoundException {
    //..., 省略了与插入数据操作相同的步骤
    // 执行 SQL 语句查询数据表
    String sql ="select * from user";
    //3.调用 Connection 接口的 prepareStatement() 方法，获取 PreparedStatement 接口的实现类
    PreparedStatement ps = con.prepareStatement(sql);
    System.out.println(sql);
    //4.执行 SQL 语句
    ResultSet rst = ps.executeQuery();
    while (rst.next()){
        System.out.println(rst.getString("id") + "" +rst.getString("name") + "" +
rst.getString("password") ;
    }
    //...
}
```

6.3.3 预处理对象 executeUpdate 方法

通过预处理对象的 executeUpdate() 方法执行 DML 语句的操作步骤如下：

（1）注册驱动类；

（2）建立连接；

（3）创建预处理对象；

（4）使用 SQL 语句占位符设置实际参数；

（5）执行 SQL 语句；

（6）释放资源。

1. 插入数据（insert 语句）

向 user 表中插入新的记录，示例代码如下：

```java
public static void main(String[] args) throws SQLException, ClassNotFoundException {
```

```java
    //1. 注册驱动类
    Class.forName("com.mysql.jdbc.Driver");
    //2. 获得数据库连接 DriverManager 类中静态方法
    //static Connection getConnection(String url, String user, String password)
    // 返回值是 Connection 接口的实现类
    //url: 数据库地址 jdbc:mysql:// 连接主机IP:端口号 // 数据库名
    String url ="jdbc:mysql://localhost:3306/MyDB";
    String username ="root";
    String password ="123456";
    Connection con = DriverManager.getConnection(url,username,password);
    // 执行 SQL 语句查询数据表
    String sql ="insert into user(id,name,password) values(?,?,?)";
    //3. 调用 Connection 接口的 prepareStatement() 方法，获取 PreparedStatement 接口的实现类
    //SQL 语句中的参数全部采用问号占位符
    PreparedStatement ps = con.prepareStatement(sql);
    //4. 使用 SQL 语句占位符设置实际参数
    ps.setObject(1,4);
    ps.setObject(2,"邹叙畅");
    ps.setObject(3,"123456");
    System.out.println(sql);
    //5. 执行 SQL 语句
    int num = pre.executeUpdate();
    System.out.println("更新记录:"+ num);
    //6. 释放资源
    ps.close();
    con.close();
}
```

2. 删除数据（delete 语句）

实现从 user 表中删除数据操作，示例代码如下：

```java
public static void main(String[] args) throws SQLException, ClassNotFoundException {
    //..., 省略了与插入数据操作相同的步骤
    // 执行 SQL 语句删除数据表中的行
    String sql ="delete from user where name=?";
    //3. 调用 Connection 接口的 prepareStatement() 方法，获取 PreparedStatement 接口的实现类
    //SQL 语句中的参数全部采用问号占位符
    PreparedStatement ps = con.prepareStatement(sql);
    //4. 使用 SQL 语句占位符设置实际参数
    pre.setObject(1,"林盛");
```

```
    System.out.println(sql);
    //5.执行 SQL 语句
    int num = ps.executeUpdate();
    System.out.println("更新记录:"+ num+"行");
    //...
}
```

3. 更新记录（update 语句）

根据所给的用户名，实现更新 user 表中的数据操作，示例代码如下：

```
public static void main(String[] args) throws SQLException, ClassNotFoundException {
    //..., 省略了与插入数据操作相同的步骤
    // 执行 SQL 语句更新数据表
    String sql ="update user set name=? where name=?;";
    //3.调用 Connection 接口的 prepareStatement() 方法，获取 PreparedStatement 接口的实现类
    //SQL 语句中的参数全部采用问号占位符
    PreparedStatement ps = con.prepareStatement(sql);
    //4.使用 SQL 语句占位符设置实际参数
    ps.setObject(1,"邹叙宁");
    ps.setObject(2,"邹叙畅");
    System.out.println(sql);
    //5.执行 SQL 语句
    int num = ps.executeUpdate();
    System.out.println("更新记录:"+ num+"行");
    //...
}
```

任务总结

PreparedStatement 对象被称为预处理（预编译）语句对象，用它提供的 setter 方法可以传入查询时需要的参数。使用预处理语句不仅提高了数据库的访问效率，而且方便程序的编写。在创建 PreparedStatement 对象时就指定了 SQL 语句，设置参数后直接替换就可以了。也就是说，循环执行多条 SQL 语句实际上是执行同一条 SQL 语句，但每次执行时 SQL 语句的参数不同。

任务思考

Statement 与 PreparedStatement 有什么区别？ PreparedStatement 对象可应用于哪些场景？ PreparedStatement 对象使用时有哪些注意事项？

任务 6.4　　Statement 与 PreparedStatement 的区别

【任务描述】

　　在访问数据库时，到底是使用 Statement 还是 PreparedStatement 对象，涉及数据访问的效率和安全性。为此，我们需要了解 Statement 与 PreparedStatement 的区别，以便确定它们各自适合哪些应用场合。

【相关知识】

　　Statement 和 PreparedStatement 之间既有联系又有区别。

　　联系：PreparedStatement 继承自 Statement，二者都是接口。

　　区别：PreparedStatement 可以使用占位符，是预编译的，批处理比 Statement 效率高。

　　下面从两个方面进行说明。

　　（1）PreparedStatement 表示预编译的 SQL 语句对象。

　　接口：public interface PreparedStatement extends Statement。

　　使用 PreparedStatement 对象时，SQL 语句被预编译并存储在 PreparedStatement 对象中，可以使用该对象多次执行该语句。

　　在以下设置参数的示例中，con 表示一个活动连接，例如：

```
  PreparedStatement pstmt = con.prepareStatement("update user set birthday = ?
where id = ?");

  pstmt.setBigDecimal(1,'2004-07-12');

  pstmt.setInt(2, 5);

  pstmt.execute();   // 提交时不用再传SQL语句，不同于Statement的用法
```

　　演示代码如下：

```
  import java.sql.Connection;

  import java.sql.DriverManager;

  import java.sql.PreparedStatement;

  import java.sql.SQLException;

  import java.sql.Statement;

  public class PreparedStatementTest {

    public static void main(String[] args) {

      doAutoCommit();
```

```
}
public static void doAutoCommit()
{
    String driver="com.mysql.jdbc.Driver";
    String url="jdbc:mysql://localhost:3306/MyDB";
    String user="root";
    String password="123456";
    Connection conn=null;
    PreparedStatement ps=null;
    try {
        //1. 注册驱动类
        Class.forName(driver);
        //2. 建立连接
        conn= DriverManager.getConnection(url, user, password);
        //System.out.println(conn);
        //3. 创建 PreparedStatement 对象
        String sql="insert into user values(?,?,?)";
        ps=conn.prepareStatement(sql);
        //4. 执行 SQL 语句
        ps.setInt(1,4);// 代表设置给第一个 "?" 号位置的值为 Int 类型的 4
        // 代表设置给第二个 "?" 号位置的值为 String 类型的 "齐鹏云"
        ps.setString(2,"齐鹏云");
        ps.setString(3,"123456");// 代表设置给第三个 "?" 号位置的值为 String 类型的 "123456"
        ps.execute();// 执行 SQL 语句
        // 返回结果为 false，因为没有返回的结果集
        System.out.println(ps.execute());
    //5. 处理结果集
    } catch (Exception e) {
        e.printStackTrace();
    }
        finally{
            //6. 关闭资源
            try {
                if(ps != null) ps.close();
            } catch (SQLException e) {
                e.printStackTrace();
            }
            try {
                if(conn != null)conn.close();
```

```
        } catch (SQLException e) {
            e.printStackTrace();
        }
    }
}
```

（2）Statement 用于执行静态 SQL 语句并返回它所生成结果的对象。

接口：public interface Statement extends Wrapper。

在默认情况下，同一时间内一个 Statement 对象只能打开一个 ResultSet 对象。

创建 Statement 对象的语句如下：

```
Statement stat=con.createStatement();
String sql="insert into user values(4,'齐鹏云','123456')";
stat.execute(sql);// 这里提交时应该有 SQL 语句，不同于 PreparedStatement 的用法
```

任务总结

Statement 不安全，不能进行预编译，不能使用占位符，容易造成 SQL 语句拼接错误。PreparedStatement 是安全的，可以预编译 SQL 语句，另外可以使用"？"占位符，从而使得 SQL 语句更加简洁清晰，且效率高。

在数据库只执行一次存取的时候，用 Statement 对象进行处理；PreparedStatement 对象的开销比 Statement 大，给一次性操作并不会带来额外的好处。

任务思考

Statement 与 PreparedStatement 对象的主要区别是什么？各可应用于哪些场合？哪种对象更适用于数据库的事务处理？

素养之窗

冯裕才教授 43 年坚持"做中国人自己的数据库"

数据库作为基础软件的三驾马车之一，在重点行业、关键基础设施和核心业务系统中发挥着重要的基础支撑作用，也是支撑信息系统安全、稳定运行的重要保障。1978 年开始，冯裕才带领团队历时十年研发出我国第一个国产数据库管理系统原型 CRDS，成为后来"达梦"产品的前身。如今的达梦数据库，不仅在国家电网、航空航天、电子政务等 30 多个行业领域得到广泛应用，还已经走出国门，产品和解决方案已成功推广应用到泰国、印度尼西亚、韩国、日本、美国、津巴布韦等海外市场，向世界证明了中国数据库的潜力与实力，将中国的数字技术带向全球。

技术创新、技术标准化和大国工匠精神对我国数据库软件技术发展起到了非常重要的作用。通过技术创新，可以推动数据库软件技术的不断发展和进步；通过技术标准化，可以提高数据库软件的操作性和可靠性；通过大国工匠精神，可以激励更多的人投身于数据库软件技术的研发和应用。

单元实训

≫ 实训 用 PreparedStatement 对象实现数据库操作

实训要求：

（1）创建数据库 MyDB。

（2）数据库连接通过本单元中的 JDBCUtils 类实现。

（3）修改本单元中使用 Statement 对象操作数据库的 JDBCUtils 类、DbManipulate1 类，改用 PreparedStatement 对象实现相关操作。

单元小结

1. 使用 Statement 而不是 PreparedStatement 对象

对于只执行一次的 SQL 语句，选择 Statement 是最好的；相反，如果 SQL 语句被多次执行，选用 PreparedStatement 是最好的。

PreparedStatement 的第一次执行消耗是很高的，它的性能体现在后面的重复执行上。例如，假设要查询 Employee 表的 EmpID 数据，JDBC 驱动会发送一个网络请求到数据库，来解析和优化这个查询，而执行时会产生另一个网络请求。在 JDBC 驱动中，减少网络通信是最终目的。如果程序在运行期间只需要一次请求，那么就使用 Statement。对于 Statement，同一个查询只会产生一次网络到数据库的通信。

2. 使用 PreparedStatement 的 Batch 功能

更新大量数据时，在 PreparedStatement 对象中多次执行 Insert 语句，会导致很多次的网络连接。要减少 JDBC 的调用次数，可以使用 PreparedStatement 的 AddBatch() 方法一次性发送多个查询给数据库。

课后巩固

扫一扫，完成课后习题。

单元 6 课后习题

单元 7　多线程

📺 单元导入

在农产品销售平台中，经常需要导出大量数据，例如一次导出 10 万条数据，按照常规做法，直接从数据库中的查询结果导出，耗时太长。如果采用多线程的方式，开 100 个线程，一个线程处理 1 000 条数据，将这 100 个线程放入同一个线程池中，start 开启之后，100 个线程同时开始，以耗时最长的一个线程的运行时间为评估时间，这样数据操作的时间就大大缩短，从而大幅提升了用户的使用体验。

🖋 学习目标

◆ **知识目标**

- 了解和掌握多线程的概念、线程的状态；
- 了解线程的创建方法；
- 掌握线程的控制方法。

◆ **技能目标**

- 能够理解线程的概念、线程的生命周期；
- 能够熟练创建线程对象；
- 会控制线程。

◆ **素养目标**

- 熟悉 Java 多线程的并发协同技术原理，掌握线程控制技术；
- 团队合作需要做好过程控制，确保目标一致；
- 工匠精神必须与时代、产业发展同频共振。

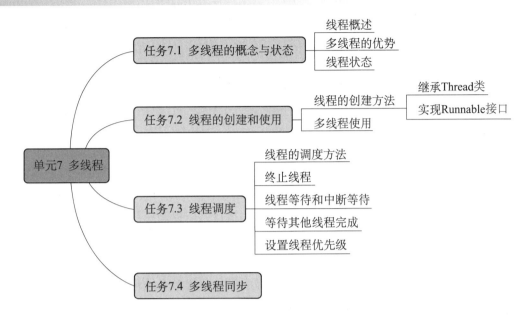

任务描述

　　要在浏览器、Web 服务、Web 处理请求、Servlet、FTP 下载、文件操作、数据库访问中使用多线程，就需要了解和掌握多线程的概念与状态变化。

学习资源

Thread 类常用方法

相关知识

7.1.1　线程概述

　　计算机中运行的每一个程序对应一个内存中的进程。程序和进程的关系可以理解为，程序是一段静态的代码，多以文件的形式存在，而进程是指一个正在运行的程序，在内存中运行，有独立的地址空间。

　　在传统的程序运行模式下，一个进程里只有一个线程，也称为单线程程序，而多线程程序是一个进程里拥有多个线程。两者间的结构对比如图 7-1 所示。

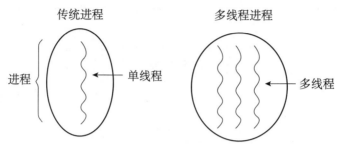

图 7-1　单线程和多线程进程示意图

线程（thread）是操作系统能够进行运算的最小单位。同一进程中的多条线程将共享该进程中的全部系统资源，如虚拟地址空间、文件描述符和信号处理等。

在操作系统中，使用进程是为了使多个程序能并发执行，以提高资源的利用率和系统吞吐量。在操作系统中引入线程，则是为了减少采用多进程方式并发执行时所付出的系统开销，使计算机操作系统具有更好的并发性。

线程是系统进行资源调度的基本单位。一个进程中通常包含多个线程。每个线程即是一条程序执行的具体线路。多个线程中，必须包含一个主线程。进程启动时，会从主线程开始执行，主线程调用其他子线程，子线程也可以被另一个子线程调用。主线程结束意味着进程结束，其他子线程也会结束，即使任务未完成。

7.1.2　多线程的优势

采用线程与采用进程相比，有以下优势：

（1）系统开销小。用于创建和撤销线程的系统开销比创建和撤销进程的系统开销要少得多，同时线程之间切换时的开销也远比进程之间切换时的开销小。

（2）方便通信和资源共享。如果是在进程之间通信，往往要求系统内核的参与，以提供通信机制和保护机制。而线程间通信是在同一进程的地址空间内，共享主存和文件，操作简单，不需要系统内核参与。

（3）简化程序结构。用户在实现多任务的程序时，采用多线程机制实现，程序结构清晰，独立性强。

因此，多线程的优势如下：

（1）提高程序运行效率。多线程可以同时执行多个任务，有效地利用 CPU 资源，增加系统的吞吐量。

（2）改善程序结构。通过将任务拆分为多个子任务并分配给不同的线程，可以使代码结构更清晰，降低耦合度，提高可读性和可维护性。

（3）加快响应速度。多线程允许程序在执行耗时操作如网络请求或文件读写时，不阻塞主线程的运行，从而提高程序的响应速度和用户体验。

（4）充分利用多核处理器。在多核处理器上，每个核心可以独立执行不同的任务，从而大大提高处理速度。

（5）提高资源共享与通信效率。同一进程的线程共享进程的公共资源，如内存空间，使得线程间的通信更加高效。

（6）降低成本。创建和上下文切换线程的开销比进程小，特别是在时间和空间方面。

此外，多线程在并发执行、异步操作、简化编程模型等方面也存在优势，可以提高系统的并发能力和灵活性。

7.1.3　线程状态

线程是相对独立的、可调度的执行单元，因此线程在运行过程中，会处于不同的状态。一个线程从创建、工作到死亡的过程称为线程的生命周期，它包括 5 种状态：新建状态（new）、就绪状态（runnable）、运行状态（running）、阻塞状态（blocked）、死亡状态（dead）。

（1）就绪状态：线程已经具备运行的条件，等待调度程序分配 CPU 资源给这个线程运行。

（2）运行状态：调度程序分配 CPU 资源给该线程，该线程正在执行。

（3）阻塞状态：线程正等待某个条件符合或某个事件发生，才会具备运行的条件。

图 7-2 是线程的状态转换图，该图显示了线程的执行过程和状态转换。

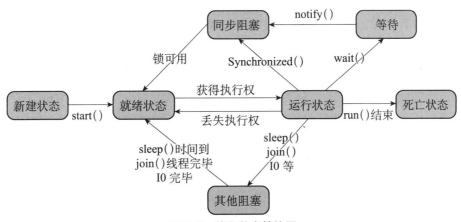

图 7-2　线程状态转换图

对线程的基本操作主要有以下五种，可以使线程在各个状态之间转换。

（1）派生。线程属于进程，可以由进程派生出线程，线程所拥有的资源将会被创建。一个线程既可以由进程派生，也可以由线程派生。在 Java 中，程序可以创建一个线程并通过调用该线程的 start() 方法使该线程进入就绪状态。

（2）调度。调度程序分配 CPU 资源给就绪状态的线程，使线程获得 CPU 资源进行运行，即执行 Java 线程类中 run() 方法里的内容。

（3）阻塞。正在运行状态的线程，在执行过程中需要等待某个条件符合或某个事件发生，此时线程进入阻塞状态。阻塞时，寄存器上下文、程序计数器以及堆栈指针都会得到保存。

（4）激活。对于阻塞状态下的线程，如果需要等待的条件符合或事件发生，则该线程被激活并进入就绪状态。

（5）结束。在运行状态的线程执行结束时，它的寄存器上下文以及堆栈内容等将被释放。

任务总结

多线程是这样一种机制，它允许在程序（进程）中并发执行多个指令流，每个指令流就称为一个线程，线程彼此间互相独立却又有着一定的联系。线程的生命周期包括新建、就绪、运行、阻塞、死亡 5 种状态。

任务思考

进程与线程的区别是什么？线程有哪些优势？多线程有哪些应用场景？如何保证多线程程序的安全性？

任务 7.2   **线程的创建和使用**

任务描述

在农产品销售平台中，需要用多线程来实现数据导出、微信发送等功能，这些功能需要在线程中进行定义。Java 提供了 java.lang. Thread 类和 Runnable 接口，用来派生线程。

学习资源

多线程的实现

Thread 和 Runnable 的区别

相关知识

7.2.1 线程的创建方法

可以通过继承 Thread 类和实现 Runnable 接口的方法来创建线程对象。

继承 Thread 类创建线程的声明如下：

```
class 类名 extends Thread{
  // 属性
  // 其他方法
  public void run(){
  // 线程需要执行的核心代码
  }
}
```

从线程类的代码结构可以看出，一个线程的核心代码需要写在 run() 方法里。也就是说，当线程从就绪状态，通过调度程序分配 CPU 资源，进入运行状态后，执行的代码即 run() 方法里面的代码。

如果线程类是实现 Runnable 接口的，那么声明的语法如下：

```
class 类名 implements Runnable{
  //属性
  //其他方法
  public void run(){
  //线程需要执行的核心代码
  }
}
```

和继承 Thread 类来创建线程的方法类似，实现 Runnable 接口的线程类也需要编写 run() 方法，将线程的核心代码置于该方法中。但是 Runnable 接口并没有任何对线程的支持，因此还必须创建 Thread 类的实例，通过 Thread 类的构造函数来创建线程类。创建线程对象的语法格式如下：

```
类名 对象名 = new 类名 ();
```

7.2.2 多线程使用

下面的例子分别使用继承 Thread 类和实现 Runnable 接口两种方式创建了两个线程类，并通过调用 start() 方法启动线程。具体程序代码如下：

```
public class MultiThreadExam{
  public static void main(String[] args) throws InterruptedException {
      Thread t1 = new MyThread ();
      MyThread2 mt2 = new MyThread2();
      Thread t2 = new Thread(mt2);
      t1.start();
      t2.start();
  }
}
// 继承自 Thread 类创建线程类
class MyThread extends Thread {
    // 无参构造方法，调用父类构造方法设置线程名称
    public MyThread(){
      super("测试用线程 1");
    }
    // 通过循环判断，输出 10 次，每次间隔 0.5 秒
    public void run(){
      try{
        for (int i = 0; i < 10; i++){
          System.out.println(this.getName() + "运行第" + (i+1) + "次");
          // 在指定的毫秒数内让当前正在执行的线程休眠（暂停执行）
          sleep(500);
```

```
        }
    }catch(Exception e){
      e.printStackTrace();
    }
  }
}


// 实现 Runnable 接口创建线程类
class MyThread2 implements Runnable{
    String name ="测试用线程2";
    public void run() {
      System.out.println(this.name);
    }
}
```

程序中，调用 start() 方法启动线程，使线程进入就绪状态，等待调度程序分配 CPU 资源后进入运行状态，执行 run() 方法中的代码。

任务总结

常用自定义一个线程类继承 Thread 类或者实现 Runnable 接口来创建线程。如果一个类继承 Thread 类，则不适合资源共享。但是如果实现了 Runnable 接口的话，则很容易实现资源共享。实现 Runnable 接口比继承 Thread 类具有更多优势。

任务思考

创建线程有哪几种方式？创建后的线程处于什么状态？线程有哪些状态？状态之间是如何转换的？线程可以直接调用 run() 方法吗？

任务7.3   线程调度

任务描述

在线程的执行过程中，程序员无法控制线程什么时候从就绪状态调度进入运行状态，即无法控制什么时候 run() 方法被执行。程序员可以做的就是通过 start() 方法保证线程进入就绪状态，等待系统调度程序决定什么时候该线程调度进入运行状态。

相关知识

7.3.1 线程的调度方法

程序中的多个线程是并发执行的，但并不是在同一时刻执行，某个线程若想被执行则需要得到 CPU 的使用权。Java 虚拟机会按照特定的机制为程序中的每个线程分配 CPU 的使用权，这种机制被称作线程的调度。在 Java 中，线程的调度是由线程调度器来控制的。线程调度器是一个操作系统服务，它决定了哪个线程应该运行以及运行多长时间。Java 线程调度器提供以下几种调度策略：

（1）抢占式调度：默认的调度策略，由线程调度器根据优先级来决定哪个线程可以执行。当一个线程的时间片用完后，它会被调度器抢占，让其他线程执行。

（2）优先级：线程可以有不同的优先级，优先级高的线程有更大的机会被调度器选中。

（3）时间片：默认情况下，一个线程的可运行时间片是固定的。

（4）阻塞调度：当一个线程阻塞在 I/O 操作上时，调度器会调度另一个线程执行。

在 Java 中，控制线程的调度行为可以通过以下几种方法实现：

（1）Thread.sleep(long millis)：在指定的毫秒数内让当前正在执行的线程休眠（暂停执行），此操作会抛出 InterruptedException。

（2）Thread.yield()：提示线程调度器当前线程愿意让出 CPU，但线程调度器可以无视这个提示。

（3）Thread.join()：等待该线程终止。

（4）Object.wait()：导致当前线程等待，直到其他线程调用 notify() 或 notifyAll()。

（5）Object.notify() 和 Object.notifyAll()：唤醒正在等待对象监视器的线程。

（6）setPriority(int newPriority) 和 getPriority()：设置和获取线程的优先级。

使用 java.util.concurrent 包中的 Executor、ExecutorService、ScheduledExecutorService 等类，这些是基于任务的调度接口，提供了更高级别的抽象。

7.3.2 终止线程

有三种方法可以终止线程。首先，最常见的是使用退出标志，使线程正常退出，也就是当 run() 方法完成后终止线程；其次，使用 stop() 方法强行终止线程（这个方法不推荐使用，因为 stop() 和 suspend()、resume() 一样，也可能发生不可预料的结果）；最后，使用 interrupt() 方法中断线程。

下面的程序通过设置标志让线程退出，程序代码如下：

```java
public class ThreadFlag extends Thread {
    public volatile boolean exit = false;
    public void run() {
        while (!exit) {
            System.out.println("线程执行中……");
        }
    }

    public static void main(String[] args) throws Exception {
        ThreadFlag thread = new ThreadFlag();
        thread.start();
```

```
    sleep(5000); // 主线程延迟 5 秒
    thread.exit = true;  // 终止线程 thread
    thread.join();
    System.out.println("线程退出!");
  }
}
```

本例中，通过设置中断标志 exit，使线程完成 run() 方法后退出。

7.3.3 线程等待和中断等待

Thread 类的静态方法 sleep() 可以让当前线程进入等待状态（阻塞状态），直到指定的时间流逝，或者直到别的线程调用当前线程对象上的 interrupt() 方法。下面的案例演示了调用线程对象的 interrupt() 方法，中断线程所处的阻塞状态，使线程恢复进入就绪状态，具体代码如下：

```java
public class ThreadInterruptExam {
  public static void main(String[] args) throws InterruptedException {
    Thread t = new Thread(new BlockedThread());
    t.start();
    // 主线程休眠，确保 t 线程已经进入阻塞状态
    Thread.sleep(1000);
    // 中断 t 线程
    t.interrupt();
  }

  static class BlockedThread implements Runnable {
    @Override
    public void run() {
      try {
        // 线程将进入阻塞状态，等待被中断
        Thread.sleep(2000);
      } catch (InterruptedException e) {
        // 处理中断异常，当线程被中断时，会清除中断状态，并执行这里的代码
        System.out.println("Thread has been interrupted!");
        // 再次设置中断状态
        Thread.currentThread().interrupt();
      }
    }
  }
}
```

在这个例子中，BlockedThread 类的 run() 方法中的 Thread.sleep(2000) 会导致线程进入阻塞状态。在

主线程中，我们等待 1 秒后中断了这个线程，BlockedThread 中的 catch 块会捕获到 InterruptedException，并输出提示信息，同时可以选择重新设置中断状态。

调用线程对象的 interrupt() 方法会设置线程的中断状态，但是不会立即中断线程，它只是给线程设置一个中断标志。当线程被 wait()、join()、sleep() 等方法调用处于阻塞状态时，会抛出 InterruptedException，此时线程会退出阻塞状态，并清除中断标志。如果线程没有处于上述方法调用的阻塞状态，那么它只是设置中断标志，线程本身不会改变状态。

7.3.4　等待其他线程完成

Thread 类的 join() 方法可以让当前线程等待加入的线程完成后，继续往下执行。下面通过一个案例来演示 join() 方法的使用过程。

```java
public class CalculationThread implements Runnable {
  private int count;
  public CalculationThread(int count) {
    this.count = count;
  }
  @Override
  public void run() {
    try {
      if(count > 0) {
        Thread.sleep(1000 * count);
      }
    } catch (InterruptedException e) {
      e.printStackTrace();
    }
    System.out.println("参数 count = "+count + "toString=" + toString());
  }
}

public class ThreadJoinExam {
  public static void main(String[] args) {
    // 使用 join() 方法，等待加入的线程执行完毕
    for (int i=0;i < 5;i++) {
      CalculationThread thread = new CalculationThread(i);
      Thread wrapperThread = new Thread(thread);
      wrapperThread.start();
      try {
        wrapperThread.join();
      } catch (InterruptedException e) {
        e.printStackTrace();
```

```
        }
      }
    }
  }
```

案例中使用了 Thread 类的 join() 方法，等 5 个 wrapperThread 线程执行完毕后，主线程再执行。

7.3.5　设置线程优先级

在应用程序中，要对线程进行调度，最直接的方式就是设置线程的优先级。优先级越高的线程获得 CPU 执行的机会越大，而优先级越低的线程获得 CPU 执行的机会越小。

线程的优先级由数字 1 ~ 10 表示，其中 1 表示优先级最高，默认值为 5。尽管 JDK 给线程优先级设置了 10 个级别，但仍然建议只使用 MAX_PRIORITY（级别为 1）、NORM_PRIORITY（级别为 5）和 MIN_PRIORITY（级别为 10）三个常量来设置线程优先级，让程序具有更好的可移植性。

下面是设置线程优先级的案例：

```java
public class ThreadPriorityExam {
  public static void main(String[] args) {
    // 创建两个线程
    Thread thread1 = new MyThread("Thread 1");
    Thread thread2 = new MyThread("Thread 2");

    // 设置线程优先级
    thread1.setPriority(Thread.MAX_PRIORITY);
    thread2.setPriority(Thread.MIN_PRIORITY);
    // 启动线程
    thread1.start();
    thread2.start();
  }

  static class MyThread extends Thread {
    public MyThread(String name) {
      super(name);
    }
    @Override
    public void run() {
      for (int i = 0; i < 5; i++) {
        System.out.println(getName() +"running");
        try {
          Thread.sleep(500);
        } catch (InterruptedException e) {
```

```
                    e.printStackTrace();
            }
        }
    }
}
```

在这个示例中，我们首先创建了两个线程 Thread 1 和 Thread 2，并分别设置它们的优先级为最高（Thread.MAX_PRIORITY）和最低（Thread.MIN_PRIORITY），然后，我们使用 start() 方法启动这两个线程。在每个线程的 run() 方法中，线程会输出名字并休眠 500 毫秒。

需要说明的是，线程优先级高仅仅表示线程获取的 CPU 时间片的概率高，只有在次数比较多或者多次运行的时候才能看到比较好的效果。

（任务总结）

在 Java 中，线程的调度是由线程调度器来控制的。线程调度器是一个操作系统服务，它决定了哪个线程应该运行以及运行多长时间。Java 线程调度器提供了抢占式调度、优先级、时间片、阻塞调度等策略来协调和控制线程的执行顺序。使用调度方法，可以改变线程的等待、中断和终止状态，以实现线程的特定功能。

（任务思考）

线程有哪几种（控制）调度方法？如何设置线程的优先级？如何获取线程对象的优先级？优先级高的线程一定会比优先级低的线程先执行吗？

任务 7.4　　　　　　　　　　　　　　　　**多线程同步**

（任务描述）

用户在购买农产品后，每一笔交易对应一个线程，在转账支付时如果没有进行线程的同步处理，可能就会出现信息不一致的情况（也叫线程安全问题）。多线程同步依靠的是对象锁机制，synchronized 关键字就是利用锁来实现对共享资源的互斥访问。

（学习资源）

多线程同步

相关知识

实现多线程同步的方法之一就是同步代码块，其语法格式如下：

```
synchronized(obj){
    // 同步代码块
}
```

要想实现线程同步，这些线程就必须去竞争唯一的共享对象锁。

在购买农产品的支付交易中，为每个用户开设一个银行账号 Account，支付操作用线程 PayThread 定义，交易过程用下例进行模拟：

```java
// 设置银行账号
public class Account {
  private String accountNo;
  private double balance;
  public Account() {}
  public Account(String accountNo, double balance) {
    this.accountNo = accountNo;
    this.balance = balance;
  }
  public String getAccountNo() {
    return accountNo;
  }
  public void setAccountNo(String accountNo) {
    this.accountNo = accountNo;
  }
  public double getBalance() {
    return balance;
  }
  public void setBalance(double balance) {
    this.balance = balance;
  }
  public int hashCode() {
    return accountNo.hashCode();
  }
  public boolean equals(Object obj) {
    if (this == obj) return true;
    if (obj != null && obj.getClass() == Account.class) {
      Account target = (Account)obj;
      return target.getAccountNo().equals(accountNo);
    }
```

```java
            return false;
        }
    }
// 定义支付线程
public class PayThread extends Thread {
    private Account account;
    private double payAmount;
    public payThread(String name, Account account, double payAmount) {
        super(name);
        this.setAccount(account);
        this.setPayAmount(payAmount);
    }
    public Account getAccount() {
        return account;
    }
    public void setAccount(Account account) {
        this.account = account;
    }
    public double getPayAmount() {
        return payAmount;
    }
    public void setPayAmount(double payAmount) {
        this.payAmount = payAmount;
    }

    public void run() {
        if (account.getBalance() >= payAmount) {
            System.out.println(getName()+"pay money:"+payAmount);
            try {
                Thread.sleep(1);
            } catch (InterruptedException e) {
                e.printStackTrace();
            }
            account.setBalance(account.getBalance() - payAmount);
            System.out.println(getName()+"balance :"+account.getBalance());
        } else {
            System.out.println("failed for insufficient balance");
        }
    }
```

```
    }
    // 测试支付交易
    public class PayExam {
      public static void main(String[] args) {
        Account acc = new Account("123456",1000);
        new PayThread("Thread-A",acc,800).start();
        new PayThread("Thread-B",acc,800).start();
      }
    }
```

执行结果如下：

```
    Thread-B pay money: 800.0
    Thread-A pay money: 800.0
    Thread-B balance : 200.0
    Thread-A balance : -600.0
```

可见这里出现了逻辑错误，B 线程取出 800 元后，账户里应该只剩下 200 元，但是接着 A 线程却也取出了 800 元，而且最终账户余额还成了负数，显然是不对的。

B 线程成功支付了 800 元后，进入了 sleep 状态，没有继续下面的扣除余额的动作；此时 JVM 调度器将 CPU 切换到 A 线程执行，由于此时余额尚未扣除，A 线程也能取出 800 元，之后 A 线程进入 sleep 状态。接着 B 线程从 sleep 状态经历了 1 毫秒之后，进入了就绪状态，获得了 CPU 资源后，进入了运行状态，进行了后面的动作，余额变成了 200 元。最后 A 线程也醒来，获得 CPU 资源后，也做了一次扣款，结果余额变成了 -600（=200-800）元。

解决上述线程安全问题的一种办法是同步代码块，使得同一代码块同一时间只能在一个线程中执行，也就是常说的同步监视器原理。在上面的案例中，只需要修改支付线程 PayThread 的定义，在线程执行体中加入 synchronized(account) { } 来将原 run() 方法中的代码锁定。代码如下：

```
    public void run() {
        synchronized(account) {
        ...
        }
    }
```

执行结果如下：

```
    Thread-B pay money: 800.0
    Thread-B balance : 200.0
    failed for insufficient balance
```

从执行结果看，线程 A 要支付时已经没有足够的余额了。

任务总结

在 Java 中，线程同步是确保多线程环境下数据一致性和状态正确性的重要手段。线程同步的方法有代码块同步和方法同步。代码块同步是通过锁定一个指定的对象，来对同步代码块中的代码进行同步。方法同步是对这个方法块里的代码进行同步，而这种情况下锁定的对象就是方法所属的对象自身。

任务思考

为什么要保证线程同步？Java 实现线程同步有哪几种方法？线程同步与异步的区别是什么？线程同步和异步的应用场景有哪些？实现线程同步的关键因素是什么？

素养之窗

不走捷径就是最大的捷径：2022 年大国工匠年度人物王曙群

作为中国航天科技集团八院 149 厂对接机构总装组组长，王曙群和团队负责空间站的核心产品之一——对接机构的装调。每一次对接，12 把锁必须同步锁紧、同步分离。王曙群担起重任，从 150 万个数据中寻找线索，带领团队反复试验、调整、总装，最终让"神舟"飞船航天器在太空中实现精准对接。30 多年来，王曙群把工匠精神植根于心、付之于行，从一个拧螺丝的装配工人，成长为我国唯一的对接机构总装组组长、载人航天工程总装领域杰出的技能领军人物。他认为，在追求细致、极致、卓越、超越的同时，工匠精神必须与时代、产业发展同频共振，持续更新知识技能，才能走在产业发展的最前沿。

Java 线程类似于团队成员在同一时段分工合作，要使团队成员的工作不偏离目标，就要在工作中实现"交会对接"。

单元实训

≫ 实训　线程同步

当多个线程操作同一个对象时，就会出现线程安全问题，被多个线程同时操作的对象数据可能会发生错误。线程同步可以保证在同一个时刻该对象只被一个线程访问。

关键字 synchronized 可以修饰方法或者以同步块的形式来使用，它确保多个线程在同一个时刻只能有一个线程处于方法或同步块中，保证了线程对变量访问的可见性和排他性。它有三种使用方法：

（1）对普通方式使用，将会锁住当前实例对象；

（2）对静态方法使用，将会锁住当前类的 Class 对象；

（3）对代码块使用，将会锁住代码块中的对象。

下面的代码演示了三种线程同步方法的使用方式：

```java
public class ThreadSynDemo {
    private static Object lock = new Object();
    public static void main(String[] args) {
        //同步代码块  锁住 lock
        synchronized (lock) {
```

```
        //doSomething
    }
}

    // 静态同步方法   锁住当前类 Class 对象
    public synchronized static void staticMethod(){
    }
    // 普通同步方法   锁住当前实例对象
    public synchronized void memberMethod() {
    }
}
```

单元小结

1. 线程

线程又称为轻量级进程。一个程序就是一个进程，而一个程序中的任务则被称为线程。一个程序中只有一个任务称为单线程程序，有多个线程称为多线程程序。

线程的创建有两种方式：继承 Thread 类，实现 Runnable 接口。

多线程的功能代码在重写后的 run() 方法中，不同的创建方式决定调用的方式也不同。

2. 线程创建

线程创建和启动有实现接口和继承父类两种方式，用已经学过的接口和抽象类的方法分析一下两者的关系。

3. 线程（控制）调度

线程（控制）调度是指使用 Thread 提供的一些方法可以对线程进行人为干预的过程。需要注意的是，这些控制并不是绝对的，有些控制只能间接地影响线程的运行。

4. 线程优先级

Java 中的线程优先级的范围是 1 ～ 10，默认的优先级是 5，10 级最高。

"高优先级线程"被分配 CPU 的概率高于"低优先级线程"，由于有时间片轮循调度，因此多线程能够并发执行。无论是级别相同还是不同，线程调用都不会绝对按照优先级执行，每次执行结果都不一样，调度算法无规律可循，所以线程之间不能有先后依赖关系。

5. 线程同步

当多个线程操作同一个对象时，就会出现线程安全问题，被多个线程同时操作的对象数据可能会发生错误。线程同步可以保证在同一个时刻该对象只被一个线程访问。

关键字 synchronized 可以修饰方法或者以同步块的形式来使用，它确保多个线程在同一个时刻，只能有一个线程处于方法或同步块中，保证了线程对变量访问的可见性和排他性。它有三种使用方法：

（1）对普通方式使用，将会锁住当前实例对象；

（2）对静态方法使用，将会锁住当前类的 Class 对象；

（3）对代码块使用，将会锁住代码块中的对象。

课后巩固

扫一扫，完成课后习题。

单元7 课后习题

单元 8 网络编程

▶ 单元导入

农产品销售平台是一款基于互联网的应用软件，它涉及大量的网络编程，包括基于 TCP 协议的客户端 / 服务器应用、基于 UDP 协议的数据报传输应用、基于 HTTP 协议的 Web 应用、微信发送、远程数据访问等。

🖊 学习目标

◆ **知识目标**
- 了解和掌握计算机网络基础知识；
- 熟悉 TCP/IP 协议的结构；
- 掌握 Socket 编程方法。

◆ **技能目标**
- 能够编写基于网络 API 的应用程序；
- 会编写基于 TCP/IP、UDP 的 Socket 程序；
- 能够实现简单的网络通信和数据传输功能。

◆ **素养目标**
- 了解 5G 时代网络新技术的发展；
- 培养与大数据、云计算、人工智能的融合创新能力；
- 学好 Java 技术，做网络强国、数字中国的建设者。

知识导图

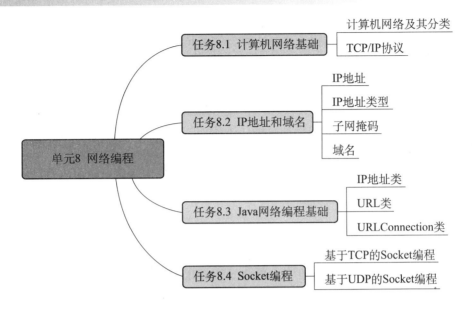

任务8.1 计算机网络基础 —— 计算机网络及其分类
                              —— TCP/IP协议

任务8.2 IP地址和域名 —— IP地址
                        —— IP地址类型
                        —— 子网掩码
                        —— 域名

单元8 网络编程

任务8.3 Java网络编程基础 —— IP地址类
                          —— URL类
                          —— URLConnection类

任务8.4 Socket编程 —— 基于TCP的Socket编程
                      —— 基于UDP的Socket编程

任务8.1   计算机网络基础

任务描述

农产品销售平台通过网络部署和访问，用户如果要访问该平台，就需要了解网络操作系统、网络管理软件及网络通信协议，会配置 IP 地址，熟悉域名的用法。

相关知识

8.1.1 计算机网络及其分类

计算机网络是指将地理位置不同的具有独立功能的多台计算机及其外部设备，通过通信线路和通信设备连接起来，在网络操作系统、网络管理软件及网络通信协议的管理和协调下，实现资源共享和信息传递的计算机系统。计算机网络包括终端、网络设备、传输介质和网络操作系统、网络管理软件、通信软件，以及保证这些软硬件设备能够互联互通的协议和标准。计算机网络的功能主要包括实现资源共享，实现数据信息的快速传递，提高可靠性，提供负载均衡与分布式处理能力，集中管理以及综合信息服务。

计算机网络的用途和管理与其类型相关。按照地理范围划分，计算机网络可分为局域网、城域网和广域网三种。

局域网（Local Area Network，LAN）是在几千米范围内的公司楼群或是商场内的计算机互相连接所组建的计算机网络，一个无线局域网能支持几台到几千台计算机的使用。现如今无线局域网的应用已经越来越多，现在的校园、商场、公司以及高铁都在应用。无线局域网的应用给我们的生活和工作都带来很大的帮助，不仅能够快速传输人们所需要的信息，还能让人们在互联网中的联系更加快捷方便。

城域网（Metropolitan Area Network，MAN）是在一个城市范围内所建立的计算机通信网，属宽带局域网。由于城域网采用具有有源交换元件的局域网技术，因此网中传输时延较小，它的传输媒介主要采用光缆，传输速率在 100MB/s 以上。MAN 的一个重要用途是用作骨干网，通过它将位于同一城市内不同地点的主机、数据库以及 LAN 等互相连接起来。这与 WAN 的作用有相似之处，但两者在实现方法与性能上有很大差别。

广域网（Wide Area Network，WAN），又称外网、公网，是连接不同地区局域网或城域网计算机通信的远程网。广域网通常跨接很大的物理范围，所覆盖的范围从几十千米到几千千米，它能连接多个地区、城市和国家，或者横跨几个洲并能提供远距离通信，形成国际性的远程网络。广域网并不等同于互联网。

8.1.2 TCP/IP 协议

（1）TCP/IP 协议在一定程度上参考了 OSI 的体系结构。OSI 模型共有七层，从下到上分别是物理层、数据链路层、网络层、传输层、会话层、表示层和应用层。在 TCP/IP 协议中，它们被简化为四个层次：

1）应用层、表示层、会话层这三个层次提供的服务相差不是很大，所以在 TCP/IP 协议中，它们被合并为应用层；

2）由于传输层和网络层在网络协议中的地位十分重要，因此在 TCP/IP 协议中它们被作为独立的两个层；

3）因为数据链路层和物理层的内容相差不多，所以在 TCP/IP 协议中它们被归并在网络接口层。

只有四层体系结构的 TCP/IP 协议与有七层体系结构的 OSI 相比要简单了不少，也正是这样，TCP/IP 协议在实际的应用中效率更高、成本更低。

（2）TCP/IP 各层的主要功能与网络协议介绍如下。

1）应用层：向用户提供一组常用的应用程序，如电子邮件、文件传输访问、远程登录等。远程登录 TELNET 并使用 TELNET 协议提供在网络其他主机上注册的接口。TELNET 会话提供了基于字符的虚拟终端。文件传输访问 FTP 使用 FTP 协议来提供网络内机器间的文件复制功能。应用层一般是面向用户的服务，如 FTP、TELNET、DNS、SMTP、POP3。FTP（File Transmission Protocol）是文件传输协议，一般上传、下载用 FTP 服务，数据端口是 20H，控制端口是 21H。TELNET 服务是用户远程登录服务，用 23H 端口，用明码传送，保密性差、简单方便。DNS（Domain Name Service）是域名服务，提供域名到 IP 地址之间的转换。SMTP（Simple Mail Transfer Protocol）是简单邮件传送协议，用来控制信件的发送、中转。POP3（Post Office Protocol 3）是邮局协议版本 3，用于接收邮件。

2）传输层：网络层负责点到点（point-to-point）的传输（这里的"点"指主机或路由器），而传输层负责端到端（end-to-end）的传输（这里的"端"指源主机和目的主机）。

传输层提供应用程序间的通信。其功能包括：格式化信息流，提供可靠传输。为了实现后者，传输层协议规定接收端必须发回确认，并且假如分组丢失，必须重新发送。

传输层协议主要是传输控制协议 TCP（Transmission Control Protocol）和用户数据报协议 UDP（User Datagram Protocol）。在这一层，数据的单位称为段。

3）网络层：负责相邻计算机之间的通信。其功能包括以下三个方面。

①处理来自传输层的分组发送请求，收到请求后，将分组装入 IP 数据报，填充报头，选择去往信宿机的路径，然后将数据报发往适当的网络接口。

②处理输入数据报：首先检查其合法性，然后进行寻径：假如该数据报已到达信宿机，则去掉报头，将剩下部分交给适当的传输协议；假如该数据报尚未到达信宿机，则转发该数据报。

③处理路径、流控、拥塞等问题。（其中，拥塞控制是通过 ICMP 传递的。）网络层协议包括：IP（Internet Protocol）协议、ICMP（Internet Control Message Protocol，控制报文）协议、ARP（Address Resolution Protocol，地址转换）协议、RARP（Reverse ARP，反向地址转换）协议。IP 的主要作用是实现主机与主机之间的通信，也叫点对点通信。IP 数据报是无连接服务。ICMP 是网络层的补充，可以回送报文，用来检测网络是否通畅。Ping 命令就是发送 ICMP 的 echo 包，通过回送的 echo relay 进行网络测试。ARP 是正向地址解析协议，通过已知的 IP，寻找对应主机的 MAC 地址。RARP 是反向地址解析协议，通过 MAC 地址确定 IP 地址，如无盘工作站和 DHCP 服务。在这一层，数据的单位称为数据包（packet）。

4）网络接口层：由于网络接口层兼并了物理层和数据链路层，因此网络接口层既是传输数据的物理媒介，也可以为网络层提供一条准确无误的线路。网络接口层接收 IP 数据报并进行传输，从网络上接收物理帧，抽取 IP 数据报转交给下一层，对实际的网络媒体进行管理，定义如何使用实际网络（如 Ethernet、Serial Line 等）来传送数据。

（3）TCP（Transmission Control Protocol）是一种面向连接的、可靠的传输层通信协议。它通过三次握手建立连接，通过四次挥手关闭连接。三次握手的过程是：

1）客户端发送一个包含 SYN（Synchronize）标志的 TCP 报文到服务器。

2）服务器收到 SYN 报文后，回应一个带有 SYN+ACK（Acknowledgement）标志的报文。

3）客户端收到服务器的 SYN+ACK 报文后，回应一个带有 ACK 标志的报文。

在使用 TCP 协议通信的过程中，还需要一个协议的端口号来标明自己在主机（含网络设备）中的唯一性，这样才可以在一台主机上建立多个 TCP 连接，告知具体哪个应用层协议来使用。端口号只能是 0～65 535 中的任意整数，其中常见的端口号及对应的应用层协议见表 8-1。

表 8-1　端口号及其对应的应用层协议

端口号	协议
21	FTP（文件传输协议）
23	TELNET（远程登录协议）
25	SMTP（简单邮件传送协议）
53	DNS（域名服务）
80	HTTP（超文本传输协议）
110	POP3（邮局协议版本 3）

UDP（用户数据报协议）是一种无连接的协议，适用于不需要流程控制的简单数据传输，如音频和视频流。UDP 通信的基本过程包括发送方创建数据包，然后将其交给网络层处理，最后由接收方接收数据包并处理。

与 TCP 协议相比，UDP 协议更为简单和高效，适用于那些不需要复杂握手过程或数据可靠性保证的场景。

任务总结

计算机网络是由多台计算机通过通信线路相互连接起来、形成一定覆盖范围的计算机系统。这些计算机可以通过网络传输数据和信息，共享硬件和软件资源，实现信息的交换和资源共享。TCP/

IP 是一种网络协议套件，它由传输控制协议（TCP）和互联网协议（IP）两个协议组成，广泛应用于 Internet 和局域网中。TCP/IP 协议套件提供了可靠的数据传输、路由选择、错误检测和纠正等功能，使得不同类型的计算机和网络设备之间可以进行互联互通。它是 Internet 的基础协议，也是现代计算机网络通信的基础。

任务思考

计算机网络的组成结构是什么？如何组建一个计算机网络？TCP/IP 协议与 OSI 的七层协议之间有哪些不同？TCP/IP 协议族中有哪些与 Web 相关的协议？

任务 8.2　　　　　　　　　　　　IP 地址和域名

任务描述

农产品销售平台的部署和运行要在网络环境下进行，平台在使用过程中，要访问网络资源，与客户之间进行交互，要推送各种信息，这些操作都要用到 IP 地址和域名。

学习资源

TCP 协议的使用

相关知识

8.2.1　IP 地址

IP 地址（Internet Protocol Address）是指互联网协议地址，又译为网际协议地址。IP 地址是 IP 协议提供的一种统一的地址格式，它为互联网上的每一个网络和每一台主机分配一个逻辑地址，以此来屏蔽物理地址的差异。

每个 IP 地址都由两部分组成：网络号和主机号。网络号用来标识这个 IP 地址属于哪一个网络，就像一个通信地址中都有一个城市名一样。一个网络中的所有主机有相同的网络号。主机号用来标识这个网络中（唯一的）主机，相当于通信地址中的街道门牌号。

IP 地址有两种表示方式，即用二进制表示和用点分十进制表示，常见的是用点分十进制表示的 IP 地址。IP 地址的长度为 32 位，每 8 位组成一个部分，这样一个 IP 地址可以分为 4 个部分，每个部分如果用十进制表示，其值的范围为 0 ～ 255。例如，用点分十进制表示的 IP 地址 119.186.211.92，其二进制表示为 01110111 10111010 11010011 01011100。可以看出，在使用点分十进制表示的时候，中间用点号隔开。

8.2.2　IP 地址类型

最初设计互联网时，为了便于寻址以及层次化构造网络，每个 IP 地址包括两个标识码（ID），即网络 ID 和主机 ID。同一个物理网络上的所有主机都使用同一个网络 ID，网络上的一个主机（包括网络上工作站、服务器和路由器等）有一个主机 ID 与其对应。IP 地址根据网络 ID 的不同分为 5 种类型：A 类地址、B 类地址、C 类地址、D 类地址和 E 类地址。

1. A 类地址

A 类地址的网络标识符为最高的 8 位，范围为 1 ～ 126，常用于大规模网络，网络部分固定为 8 位，剩下的 24 位是主机地址。举例说明，A 类地址（1.0.0.0 ～ 126.255.255.255）可以为大型公司、政府机构等提供超过 1 600 万个主机地址。例如：10.0.0.1/8（子网掩码为 255.0.0.0）表示的是 10.0.0.0 整个 A 类地址段中的一个主机地址。

在 A 类地址范围 0 ～ 127 内，0 表示任何地址，127 表示回环测试地址，因此，A 类 IP 地址的实际范围是 1 ～ 126。默认子网掩码为 255.0.0.0。

2. B 类地址

B 类地址的网络标识符为最高的 16 位，范围为 128 ～ 191，常用于中等规模网络，网络部分固定为 16 位，剩下的 16 位是主机地址。举例说明，B 类地址（128.0.0.0 ～ 191.255.255.255）可为中型企业或学校提供 6 万多个主机地址。例如：172.16.1.2/16（子网掩码为 255.255.0.0）表示的是 172.16.0.0 ～ 172.31.255.255 B 类地址段中的一个主机地址。

在 B 类地址范围 128 ～ 191 内，128.0.0.0 和 191.255.0.0 为保留 IP 地址，实际范围是 128.1.0.0 ～ 191.254.0.0。

3. C 类地址

C 类地址的网络标识符为最高的 24 位，范围为 192 ～ 223，常用于小规模网络，网络部分固定为 24 位，剩下的 8 位是主机地址。举例说明，C 类地址（192.0.0.0 ～ 223.255.255.255）可为中小型企业、学校等提供 250 个主机地址。例如：192.168.0.1/24 中的 "24" 对应的子网掩码为 255.255.255.0，它被划到了从 192.168.0.0 到 192.168.0.255 这个 C 类地址。

在 C 类地址范围 192 ～ 223 内，192.0.0.0 和 223.255.255.0 为保留 IP 地址，实际范围是 192.0.1.0 ～ 223.255.254.0。

4. D 类地址

D 类地址用于多点广播（Multicast）。D 类 IP 地址第一个字节以 "1110" 开始，它是一个专门保留的地址。它并不指向特定的网络，目前这一类地址被用在多点广播中。多点广播地址用来一次寻址一组计算机，它标识共享同一协议的一组计算机。224.0.0.0 到 239.255.255.255 用于多点广播。

5. E 类地址

E 类地址以 "1111" 开头，第一段号码的范围为 240 ～ 255，地址范围为 240.0.0.1 到 255.255.255.254。E 类地址目前保留为将来使用，实际应用中很少见到。

全 "0"（0.0.0.0）地址对应于当前主机。全 "1" 的 IP 地址（255.255.255.255）是当前子网的广播地址。

在 IP 地址的前 3 种类型中各保留了 3 个区域作为私有地址，其地址范围如下：

A 类地址：10.0.0.0 ～ 10.255.255.255。

B 类地址：172.16.0.0 ～ 172.31.255.255。

C 类地址：192.168.0.0 ～ 192.168.255.255。

8.2.3　子网掩码

子网掩码的作用是和 IP 地址进行与运算后得出网络地址，可以判断两个 IP 地址是否同属于一个子网。子网掩码的长度也是 32 位，在子网掩码的二进制位中，1 代表该位为网络位，0 代表该位为主机位。它和 IP 地址一样也是使用点分十进制来表示的。如果两个 IP 地址在子网掩码的按位与的计算下所得的结果相同，则表明它们共属于同一子网中。

32 位 IP v4 地址被分为两部分，即网络号和主机号。为提高 IP 地址的使用效率，子网编址的思想是将主机号部分进一步划分为子网号和主机号。在原来的 IP 地址模式中，网络号部分就标识一个独立的物理网络，引入子网模式后，网络号部分加上子网号才能全局唯一地标识一个物理网络。

A 类地址第 1 个字节为网络地址（最高位固定是 0），另外 3 个字节为主机地址。A 类网络默认子网掩码为 255.0.0.0，也可写作 /8。A 类网络最大主机数量是 $256^3-2=16\ 777\ 214$（减去 1 个主机位为 0 的网络地址和 1 个广播地址）。

B 类地址第 1 个字节（最高位固定是 10）和第 2 个字节为网络地址，另外 2 个字节为主机地址。B 类网络默认子网掩码为 255.255.0.0，也可写作 /16。B 类网络最大主机数量是 $256^2-2=65\ 534$。

C 类地址第 1 个字节（最高位固定是 110）、第 2 个字节和第 3 个字节为网络地址，另外 1 个字节为主机地址。C 类网络默认子网掩码为 255.255.255.0，也可写作 /24。C 类网络最大主机数量是 256-2=254。

如何计算子网掩码呢？例如，IP 地址 192.168.20.128/29，末位 29 代表 29 个二进制位为 1 的位。IP 的一个 255 等于 8 个二进制位为 1 的位，255（10）=11111111（2）。29/8=3 余 5，子网掩码地址的前三段为 255.255.255，其余 5 位的二进制位为 1，即最终子网掩码为 255.255.255.248。

除了用划分子网的方式解决 IP 网络和 IP 地址资源紧缺的问题外，目前还有一种解决方式就是采用新的 IP 版本（IPv6），它对现有 IP 地址进行了大规模的改革，其中 IP 地址使用 128 位来表示。从目前来看，这些 IP 地址足够给每个人的每台设备提供一个独一无二的 IP 地址，目前已经有一些软硬件开始支持 IPv6。

8.2.4　域名

域名（Domain Name），又称网域，是由一串用点分隔的字母和数字组成的互联网上某一台计算机或计算机组的名称，用于在数据传输时对计算机进行定位标识（有时也指地理位置）。

尽管 IP 地址能够唯一地标识网络上的计算机，但 IP 地址不方便记忆，于是人们又发明了另一套字符型地址方案，即所谓的域名地址。

IP 地址和域名是一一对应的，这份域名地址的信息存放在一个叫域名服务器（Domain Name Server）的主机内，使用者只需要了解易记的域名地址，其对应转换工作就留给了域名服务器。域名服务器就是提供 IP 地址和域名之间转换服务的服务器。

按级别分类，域名分为顶级域名（如 .com、.org、.net 等）、二级域名（如具体的教育机构或企业类别）和三级域名（如网站的具体名称或主题缩写）。

域名还可以根据其使用和功能进行分类，如国际域名和国内域名。国际域名通常用于跨国企业，而国内域名则更多用于覆盖中国范围内的网站。

域名的结构采用层次结构，由多个部分组成，每个部分之间用英文的句号"."来分隔。从右向左，域名的组成部分依次为：

（1）顶级域名（Top-Level Domain, TLD）：位于域名的最后一部分，表示域名的分类或国家 / 地区代码。例如，.com、.org、.cn 等。

（2）二级域名（Second-Level Domain, SLD）：位于顶级域名之前，是具有独特意义的名称，可以用来标识企业、组织或个人。例如，google.com 中的"google"就是二级域名。

（3）子域名：位于二级域名之前的部分，可以用来对域名进行更详细的划分。例如，mail.google.com 中的"mail"就是一个子域名。

（4）主机名：位于最左边的部分，通常表示特定服务或设备。例如，www.xxx.com 中的"www"代表世界广域网（World Wide Web）。例如，百度的域名为 www.baidu.com。

域名服务（DNS）是互联网的一项服务，是将域名转换为 IP 地址的分布式数据库。域名的选择可以包括字母、数字以及其他特定字符，但需要遵循特定的格式和规则。

任务总结

IP 地址是由一系列数字组成的，它是互联网上每个设备的唯一标识，以便在网络中进行通信和数据传输。IP 地址分为 IPv4 和 IPv6 两种格式。IPv4 是目前广泛使用的格式，由四组由点分隔的数字组成，每组数字的取值范围是 0 ～ 255。而 IPv6 则由八组由冒号分隔的十六进制数字组成，每组数字的取值范围是 0 ～ 65 535。域名的作用是将 IP 地址与易于记忆的字符串进行映射，使得用户可以通过输入域名来访问网站，而不必记住那些复杂的数字。

任务思考

IP 地址分哪几种类型？如何查看设备的 IP 地址？IP 地址与子网掩码之间是怎样的对应关系？如何获取 MAC 地址？什么是网关？两台不在同一网段的终端怎样通信？

任务8.3　Java 网络编程基础

任务描述

农产品销售平台是面向网络应用的，Java 提供了用于网络连接的类库，为程序员提供了一个统一的网络编程环境。利用它，程序员能够很容易开发常见的网络应用程序。

相关知识

8.3.1　IP 地址类

IP 地址（Internet Protocol Address）是指互联网协议地址，又译为网际协议地址。IP 地址是 IP 协议提供的一种统一的地址格式，它为互联网上的每一个网络和每一台主机分配一个逻辑地址，以此来屏蔽物理地址的差异。

在 TCP/IP 协议族中，我们是通过 IP 地址来标识网络上的一台主机（含网络设备）的。如果想获取自己主机的 IP 地址，可以通过打开"Internet 协议版本 4（TCP/IPv4）属性"对话框方式查看（必须是设置固定 IP 地址，而不是自动获取 IP 地址），还可以通过 ipconfig 命令查看。

在 Java 中，使用 java.net 包下的 InetAddress 类表示互联网协议的 IP 地址。下面的案例演示了如何获得本地主机的 IP 地址。具体代码如下：

```java
import java.net.*;
public class GetIPExam{
  public static void main(String args[]) {
    InetAddress myIP = null;
    try{
        // 通过 InetAddress 类的静态方法，返回本地主机对象
        myIP = InetAddress.getLocalHost();
    }catch(Exception e){
        e.printStackTrace();
    }
    // 通过 InetAddress 类的 getHostAddress() 方法获得 IP 地址字符串
    System.out.println(myIP.getHostAddress());
  }
}
```

上面的例子中，InetAddress 类对象都不是使用构造方法创建的，而是通过 InetAddress 类的静态方法获取的。下面列出了通过 InetAddress 类的静态方法获取 InetAddress 类对象的方法。

（1）InetAddress[] getAllByName(String host)：

在给定主机名的情况下，根据系统上配置的名称服务返回其 IP 地址所组成的数组。

（2）InetAddress getByAddress(byte[] addr)：

在给定原始 IP 地址的情况下，返回 InetAddress 对象。

（3）InetAddress getByAddress(String host, byte[] addr)：

根据提供的主机名和 IP 地址，创建 InetAddress 对象。

（4）InetAddress getByName(String host)：

在给定主机名的情况下，返回 InetAddress 对象。

（5）InetAddress getLocalHost()：

返回本地主机 InetAddress 对象。

InetAddress 类的其他常用方法有以下几种。

（1）byte[] getAddress()：

返回此 InetAddress 对象的原始 IP 地址。

（2）String getCanonicalHostName()：

返回此 IP 地址的完全限定域名。完全限定域名是指主机名加上全路径，全路径中列出了序列中所有域成员。

（3）String getHostAddress()：

返回 IP 地址字符串。

（4）String getHostName()：

返回此 IP 地址的主机名。

8.3.2　URL 类

Java 提供的网络功能的相关类主要有三个，分别是 URL、Socket 和 Datagram，其中 URL 是这三个类中层次级别最高或者说封装最多的类，通过 URL 类可以直接发送或读取网络上的数据。

URL 类代表一个统一资源定位符，它是指向互联网资源的指针。资源可以是简单的文件或目录，也可以是对更为复杂的对象的引用，例如对数据库或搜索引擎的查询。

通常，URL 可分成几个部分。例如 https://www.163.com/tech/article/IE69KT5300097U81.html，指示使用的协议为 HTTP（超文本传输协议），并且该信息驻留在一台名为 www.163.com 的主机上，主机上的信息名称为 /tech/article/IE69KT5300097U81.html。

URL 可选择指定一个端口号，用于建立到远程主机 TCP 的连接，例如 http://127.0.0.1:8080/source/index.html。如果未指定该端口号，则使用协议默认的端口，HTTP 协议的默认端口为 80。

URL 后面可能还跟有一个片段，也称为引用。该片段由井字符"#"指示，后面跟有更多的字符。例如 https://www.oracle.com/java/technologies/#chapter1。使用此片段的目的在于表明，在获取到指定的资源后，应用程序需要使用文档中附加有 chapter1 标记的部分。

8.3.3　URLConnection 类

URLConnection 是一个抽象类，表示指向 URL 指定资源的活动连接。URLConnection 可以检查服务器发送的首部，并相应地做出响应。URLConnection 还可以用 POST、PUT 和其他 HTTP 请求方法向服务器发回数据。

创建一个到 URL 的连接 URLConnection 的对象需要以下几个步骤：

（1）通过在 URL 上调用 openConnection() 方法创建连接对象。

（2）设置参数和一般请求属性。

（3）使用 connect() 方法建立到远程对象的实际连接。

（4）远程对象变为可用，其中远程对象的头字段和内容变为可访问。

URLConnection 类有下列属性作为参数可以设置：

（1）boolean doInput：将 doInput 标志设置为 true，指示应用程序要从 URL 连接读取数据，此属性的默认值为 true。此属性由 setDoInput() 方法设置，其值由 getDoInput() 方法返回。

（2）boolean doOutput：将 doOutput 标志设置为 true，指示应用程序要将数据写入 URL 连接，此属性的默认值为 false。此属性由 setDoOutput() 方法设置，其值由 getDoOutput() 方法返回。

（3）long ifModifiedSince：有些网络协议支持跳过对象获取，除非该对象在某个特定时间点之后又进行了修改。其值表示距离格林尼治标准时间 1970 年 1 月 1 日 0 时 0 分 0 秒的毫秒数，只有在该时间之后又进行了修改时，才获取该对象。此属性的默认值为 0，表示必须一直进行获取。此属性由 setIfModifiedSince() 方法设置，其值由 getIfModifiedSince() 方法返回。

（4）boolean useCaches：如果其值为 true，则只要有条件就允许该协议使用缓存；如果其值为 false，则该协议始终必须获得此对象的新副本，其默认值为上一次调用 setDefaultUseCaches() 方法时给定的值。此属性由 setUseCaches() 方法设置，其值由 getUseCaches() 方法返回。

（5）boolean allowUserInteraction：如果其值为 true，则在允许用户交互（例如弹出一个验证对话框）的上下文中对此 URL 进行检查；如果其值为 false，则不允许有任何用户交互，其默认值为上一次调用 setDefaultAllowUserInteraction() 方法时所用的参数的值。使用 setAllowUserInteraction() 方法可对此属性的值进行设置，其值由 getAllowUserInteraction() 方法返回。

URLConnection 类还有两个属性 connected 和 url，分别表示是否创建到指定 URL 的通信连接和该 URLConnection 类在互联网上打开的远程对象。

另外，可以使用 setRequestProperty(String key, String value) 方法设置一般请求属性，如果已存在具有该关键字的属性，则用新值改写原值。

在下面的案例中，使用 URLConnection 对象从一个 URL 中读取 HTTP 首部字段：

```java
import java.net.*;
import java.io.*;
public class URLConnectionExam {
  public static void main(String[] args) {
    try {
      URL url = new URL("http://www.sohu.com");
      URLConnection connection = url.openConnection();
      System.out.println("Content-Type:"+ connection.getContentType());
      System.out.println("Content-Length:"+ connection.getContentLength());
      System.out.println("Content-LengthLong:"+ connection.getContentLengthLong());
      System.out.println("Content-Encoding:"+ connection.getContentEncoding());
      System.out.println("Date:"+ connection.getDate());
      System.out.println("Expires:"+ connection.getExpiration());
      System.out.println("Last-modified:"+ connection.getLastModified());
    } catch (IOException e) {

    }
  }
}
```

任务总结

计算机网络编程三要素包括 IP 地址（可以理解为具体哪台计算机）、端口（可以理解为计算机上的程序，一个程序对应一个端口）、协议（可以理解为终端通过什么方式和外界交互）。

任务思考

URL 与 URLConnection 类有哪些不同？

任务8.4   **Socket 编程**

任务描述

农产品销售平台中有大量的网络应用都会用到 TCP/IP 协议，如文件传输、网页浏览、电子邮件传输、远程登录、数据库操作、在线服务等，都要使用 TCP 协议。而视频流和音频流传输、实时数据、DNS（域名服务）等，则会用到 UDP 协议。

学习资源

Socket 和
ServerSocket 交互

相关知识

8.4.1　基于 TCP 的 Socket 编程

Socket 通常也称作套接字，应用程序通常通过套接字向网络发出请求或者应答网络请求。Java 语言中的 Socket 编程常用到 Socket 和 ServerSocket 这两个类，它们位于 java.net 包中。

ServerSocket 用于服务器端，而 Socket 是建立网络连接时使用的。服务器端需要使用 ServerSocket 来启动并监听一个端口，通过 ServerSocket.accept() 来阻塞等待一个 Socket 连接的到来，一旦有新连接建立后，ServerSocket.accept() 会返回一个 Socket 的对象，用来和客户端进行接下来的通信，而 ServerSocket.accept() 则会继续阻塞，等待下一个 Socket 连接。

图 8-1 展示了基于 TCP 的 Socket 编程流程。

在服务器端，创建一个 ServerSocket 对象，并指定一个端口号，使用 ServerSocket 类的 accept() 方法使服务器处于阻塞状态，等待用户请求。

在客户端，指定一个 InetAddress 对象和一个端口号，用来创建一个 Socket 对象，通过这个 Socket 对象，连接到服务器。

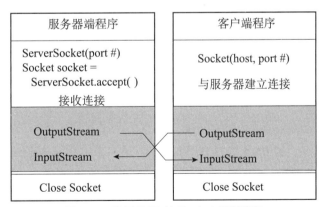

图 8-1　基于 TCP 的 Socket 编程流程

服务器端程序代码如下：

```java
import java.io.IOException;

import java.io.InputStream;
```

```java
import java.net.ServerSocket;

import java.net.Socket;

// 服务器端

public class SocketServer {

    public static void main(String[] args) throws IOException {

        // 思路：

        //1. 在本机的 8000 端口监听，等待连接

        // 细节：要求在本机没有其他服务在监听 8000 端口

        // 细节：这个 ServerSocket 可以通过 accept() 返回多个 Socket

        ServerSocket serverSocket = new ServerSocket(8000);

        System.out.println("服务器端，在 8000 端口监听，等待连接……");

        //2. 当没有客户端连接 8000 端口时，程序会阻塞，等待连接

        // 如果有客户端连接，则会返回 Socket 对象，程序继续

        Socket socket = serverSocket.accept();

        System.out.println("服务端 socket =" + socket.getClass());

        //

        //3. 通过 socket.getInputStream() 读取客户端写入到数据通道的数据，显示

        InputStream inputStream = socket.getInputStream();

        //4. IO 读取

        byte[] buf = new byte[1024];

        int readLen = 0;

        while ((readLen = inputStream.read(buf)) != -1) {

            // 根据读取到的数据的实际长度，显示内容

            System.out.println(new String(buf, 0, readLen));

        }

        //5. 关闭流和 socket

        inputStream.close();

        socket.close();

        serverSocket.close();// 关闭

    }

}
```

客户端程序通过 IP 地址 127.0.0.1 和端口号 8000 创建一个客户端 Socket 对象，建立输出数据流，通过输出数据流将信息发送到指定 IP 地址和端口号上的服务器端。

客户端程序代码如下：

```java
import java.io.IOException;

import java.io.OutputStream;

import java.net.InetAddress;

import java.net.Socket;
```

```
// 客户端，发送 "Hello, Server." 给服务器端
public class SocketClient {
  public static void main(String[] args) throws IOException {
    // 思路
    //1. 连接服务器端（ip, 端口）
    // 解读：连接本机的 8000 端口，如果连接成功，返回 Socket 对象
    Socket socket = new Socket(InetAddress.getLocalHost(), 8000);
    System.out.println("客户端 socket 返回 = " + socket.getClass());
    //2. 连接上后，生成 Socket，通过 socket.getOutputStream()
    // 获得和 Socket 对象关联的输出流对象
    OutputStream outputStream = socket.getOutputStream();
    //3. 通过输出流，写入数据到数据通道
    outputStream.write("Hello, Server.".getBytes());
    //4. 关闭流对象和 Socket 对象，必须关闭
    outputStream.close();
    socket.close();
    System.out.println("客户端退出……");
  }
}
```

在以上使用 Java Socket 实现的客户端、服务器端程序中，客户端发送信息，服务器端将接收的内容显示出来。

8.4.2　基于 UDP 的 Socket 编程

UDP（User Datagram Protocol）是一种无连接的传输协议，不保证传输数据的可靠性。在网络通信中，UDP 常用于那些对实时性要求较高、可靠性要求较低的应用程序，如音视频传输等。Java 主要提供了两个类来实现基于 UDP 的 Socket 编程。

（1）DatagramSocket 类是实现基于 UDP 协议的网络通信的基础。该类提供的方法包括：

1）DatagramSocket(int port)：创建一个 DatagramSocket 对象，并绑定到指定端口号。

2）void send(DatagramPacket p)：将数据报发送到指定的主机和端口。

3）void receive(DatagramPacket p)：等待接收数据报。

4）void setSoTimeout(int timeout)：设置 Socket 的超时时间。

（2）DatagramPacket 类代表着数据报包，包含要发送或接收的数据、数据的长度以及发送方或接收方的 IP 地址和端口号等信息。该类提供的方法包括：

1）DatagramPacket(byte[] buf, int length)：创建一个 DatagramPacket 对象，用于接收数据报。

2）DatagramPacket(byte[] buf, int length, InetAddress address, int port)：创建一个 DatagramPacket 对象，用于发送数据报。

3）byte[] getData()：获取数据报的数据。

4）InetAddress getAddress()：获取发送方或接收方的 IP 地址。

5）int getPort()：获取发送方或接收方的端口号。

DatagramPacket 类主要有两个构造函数：一个用来接收数据 DatagramPacket(byte[] recyBuf, int readLength)，用一个字节数组接收 UDP 包，recyBuf 数组在传递给构造函数时是空的，而 readLength 值用来设定要读取的字节数；一个用来发送数据 DatagramPacket(byte[] sendBuf, int sendLength, InetAddress iaddr, int port)，建立将要传输的 UDP 包，并指定 IP 地址和端口号。

图 8-2 展示了基于 UDP 的 Socket 编程流程示意图。

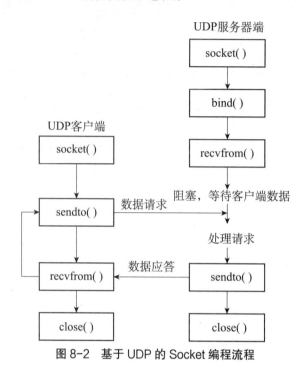

图 8-2　基于 UDP 的 Socket 编程流程

下面通过一个案例来演示 Java 基于 UDP 的 Socket 编程过程。接收端代码如下：

```java
import java.net.DatagramPacket;
import java.net.DatagramSocket;
// 接收端，先启动接收端
public class UDPServer {
  public static void main(String[] args) throws Exception {
    System.out.println("======= 客户端启动 =======");
    // 1.创建接受对象
    DatagramSocket socket = new DatagramSocket(8888);
    // 2.创建一个数据包接收数据
    byte [] buffer = new byte[1024];
    DatagramPacket packet = new DatagramPacket(buffer, buffer.length);
    // 3.等待接受数据
    socket.receive(packet);
    // 4.取出数据
    int len = packet.getLength();
    String rs = new String(buffer,0,len);
    System.out.println("收到的数据:" + rs);
```

```java
// 获取发送端的 IP 地址和端口
String ip = packet.getSocketAddress().toString();
System.out.println("发送端的 IP 地址 :" + ip);
int port = packet.getPort();
System.out.println("发送端端口为 :" + port);
// 关闭管道
socket.close();
    }
}
```

发送端代码如下：

```java
import java.net.DatagramPacket;
import java.net.DatagramSocket;
import java.net.InetAddress;
public class UDPClient {
// 发送端
  public static void main(String[] args) throws Exception {
    System.out.println("========= 发送端启动 =========");
    // 1.创建发送端对象
    DatagramSocket socket = new DatagramSocket(6666);
    // 2.创建一个数据包对象封装数据
    /**
     * 参数 1：封装要发送的数据
     * 参数 2：发送数据的大小
     * 参数 3：服务器端的 IP 地址
     * 参数 4：服务器端的端口
     *
     * InetAddress.getLocalHost() 获取本机的 IP 地址
     */
    byte[] buffer ="客户端发送的数据".getBytes();
    DatagramPacket packet = new DatagramPacket(buffer,buffer.length, InetAddress.
getLocalHost(),8888);
    // 3.发送数据
    socket.send(packet);
    // 4.关闭管道
    socket.close();
    }
}
```

任务总结

Socket 是应用层与 TCP/IP 协议通信的中间软件抽象层，它是一组接口。在设计模式中，Socket 其实就是一个外观模式，它把符合指定协议的通信与数据处理细节封装在类中，用户只能访问接口。

TCP 和 UDP 是计算机网络中常见的传输层协议。TCP 协议提供的是面向连接的可靠的字节流服务。使用 TCP 协议通信的双方必须先建立连接，然后才能开始数据的读写。UDP 可以实现点对点或广播通信。发送方将数据报放入 UDP 数据包中，指定目标主机的 IP 地址和端口号，通过网络发送给目标主机。接收方从网络中接收数据报，根据源 IP 地址和源端口号确定数据报的来源，从数据包中提取数据并进行处理。

TCP 适用于需要可靠传输和有序传输的场景，如文件传输和网页浏览，而 UDP 适用于对低延迟和高效性要求较高的场景，如实时音视频传输和实时游戏。通过了解和选择适当的协议，程序可以更好地满足不同场景下的需求。

任务思考

Socket 类支持哪几种协议？Socket 类有哪些主要属性和方法？TCP Socket 编程的一般步骤是什么？

TCP/UDP Socket 各应用于什么场合？TCP/UDP Socket 编程的流程分别是什么？什么是 TCP 协议的三次握手和四次挥手？如何理解端口号？在多线程环境下，TCP 协议有哪些应用？

素养之窗

接通网络神经的技术"超人"：2022 年大国工匠年度人物黄昭文

黄昭文自 1998 年加入中国移动通信集团有限公司以来，专注移动通信技术创新与应用，自主研发 15 项通信领域重大创新科技成果，获得多项国家发明专利，获得 31 项国家级、部省级荣誉。黄昭文自研行业内首个 5G 网络端到端信令分析系统，为 5G 应用打下了坚实的基础；研发 5G 网络智慧切片系统，向客户提供最优质的网络服务；自主研发 5G 网络拨测仿真平台，建立 5G 网络 SLA 服务支撑体系；首创 5G 端到端安全保障系统，服务 5G 终端、无线、核心网、业务领域。入行 22 年来，黄昭文一直专注守护网络这条生命线，通过技术创新，履行着共产党员的初心和使命。

计算机网络是软件的基础设施，在网络应用领域，软件技术人员要主动钻研技术，发展自身专长，以服务于经济社会发展需要。

单元实训

≫ 实训 1　基于 UDP 的 Socket 通信实验

本实训要求开发一个简单的 Socket 应用，实现互相发送一条信息的功能。

知识点：

（1）DatagramSocket。

（2）DatagramPacket。

（3）UDP 协议。

思路： 使用 ServerSocket 和 Socket 实现服务器端和客户端的 Socket 通信。

≫ 实训 2　基于 GUI 界面的局域网聊天室

本实训的目标是完成一个局域网聊天室，可以实现群聊的功能。

（1）主要包含以下功能：

1）多个客户端可以连接到同一个服务器端。

2）每个客户端发送的请求通过服务器端转发到所有客户端。

3）发送的信息带有时间、昵称和内容。

4）新连接用户默认没有昵称，使用名字为"用户 + 端口号"。例如：用户 1234。

5）所有连接的用户都在用户列表中显示用户名。

（2）服务器端开发：

1）服务器要服务多个客户端，所以服务器应该使用多线程技术，为每个客户端创建一个连接。

2）所有的客户端连接存入客户端集合，以便用于循环发送信息。

3）当一个客户端发送信息时，迭代客户端集合将该信息群发给集合中的每个客户端。

（3）客户端开发：

1）连接服务器。

2）循环发送信息，需要 while 关键字控制，直到输入 88 结束。

3）显示信息时因为和发送信息并不存在依赖关系，此时为两个线程并行进行，所以需要单独创建显示线程。

单元小结

　　网络编程是指使用计算机网络进行软件开发的一种方式，它涉及利用网络传输数据、进行远程通信和实现分布式计算的技术和方法。

　　（1）客户－服务器模型：网络编程通常基于客户－服务器模型。在这种模型中，有一个或多个服务器端应用程序提供服务，而客户端应用程序通过网络连接到服务器，请求服务并接收响应。服务器负责处理客户端的请求并提供相应的功能。

　　（2）Socket 编程：Socket 是实现网络通信的编程接口，是网络编程的核心概念之一。通过 Socket，开发人员可以创建连接、发送和接收数据，并管理网络连接。常见的 Socket 编程包括 TCP Socket 和 UDP Socket，分别用于可靠传输和不可靠传输。

　　（3）网络协议：网络编程需要遵循特定的网络协议，如 TCP/IP 协议。协议定义了数据传输的格式、通信规则和错误处理等细节，确保不同设备能够正确地进行通信。开发人员在网络编程中需要理解和使用相应的网络协议。

　　（4）数据交换格式：在网络中传输的数据需要采用特定的格式进行编码和解码。常见的数据交换格式有文本格式（如 JSON、XML）和二进制格式。开发人员根据需求选择适合的数据交换格式，以便发送方和接收方能够正确地处理数据。

　　（5）并发与多线程：网络编程通常需要处理多个客户端同时连接并发送请求。为了实现并发处理，开发人员可以利用多线程或异步编程技术。这样可以充分利用计算机资源，提高系统的吞吐量和响应速度。

　　（6）安全性与加密：网络应用程序往往需要保证数据的安全性和隐私性。开发人员可以使用加密算法和安全协议来对数据进行加密传输，并采取措施防止恶意攻击和非法访问。

（7）分布式计算：网络编程也涉及分布式计算的概念。开发人员通过将任务分发到不同的计算节点上，利用网络进行协作和通信，可以实现更强大的计算能力和可扩展性。

课后巩固

扫一扫，完成课后习题。

单元 8　课后习题

单元 9　Java Web 编程基础

单元导入

农产品销售平台作为一个企业级应用，是一个大规模的复杂系统，在使用过程中需要满足高并发、高可靠性、高安全性以及可扩展性等要求，需要处理 Web 请求、生成动态内容、与客户端交互等，因此农产品销售平台的技术架构是 Java EE，但其交互式功能采用 Java Web 技术实现。

学习目标

◆ **知识目标**
- 了解和掌握 Java Web 基础知识；
- 熟悉 JSP 页面结构；
- 掌握利用 JSP+Servlet 建立 Web 网站的方法。

◆ **技能目标**
- 会搭建 Java Web 开发环境；
- 会编写 JSP 程序；
- 能够创建 Servlet 应用。

◆ **素养目标**
- 网站是互联网的内容载体，Web 应用开发是软件工程师的必备技能；
- 用软件技术服务智能制造，助力区域产业实现创新发展；
- 软件工作者要立足岗位，下真功夫，用坚持和奋斗点亮青春。

💡 **知识导图**

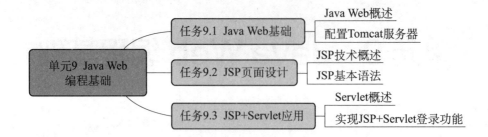

任务9.1 Java Web基础 —— Java Web概述 / 配置Tomcat服务器

单元9 Java Web 编程基础 —— 任务9.2 JSP页面设计 —— JSP技术概述 / JSP基本语法

任务9.3 JSP+Servlet应用 —— Servlet概述 / 实现JSP+Servlet登录功能

任务 9.1 **Java Web 基础**

任务描述

在农产品销售平台中，需要实现与用户的动态交互，例如用户注册登录、商品展示、购物车管理等功能。这些功能可以通过 Servlet、JSP 等技术实现。要学习这些技术，就需要了解和掌握 Java Web 基础知识。

学习资源

Maven 项目的设置

相关知识

9.1.1 Java Web 概述

Java Web 是用 Java 语言开发的 Web 应用程序，这类应用程序运行在 Java Web 服务器（如 Apache Tomcat、Jetty 等）上，而不是在本地计算机的 JVM 上运行。

Java Web 应用程序通常使用 Java Servlet、JavaServer Pages（JSP）、Java Server Faces（JSF）以及 Java Web 框架（如 Spring Boot、Spring Cloud）等 Java Web 技术进行开发。这些技术使开发人员能够创建动态的 Web 页面和 Web 应用程序、处理表单提交和查询数据库等操作。Java Web 应用程序具有可扩展性强、稳定性高、安全性好等优点，因此被广泛应用于企业级 Web 应用程序开发。

1. Web 资源

Internet 上供外界访问的 Web 资源分为静态 Web 资源和动态 Web 资源。

静态 Web 资源（如 html 页面）：指 Web 页面中供人们浏览的数据始终是不变的。

动态 Web 资源：指 Web 页面中供人们浏览的数据是由程序产生的，在不同时间点访问 Web 页面看到的内容各不相同。

静态 Web 资源开发技术主要是 html5，常用动态 Web 资源开发技术有 JSP/Servlet、ASP、PHP 等。

2. 静态 / 动态 Web 操作

*htm、*html 是网页的后缀，用户可以通过网络服务器访问这些静态页面。动态 Web 网页具有交互性，Web 页面的内容会动态更新。

3. Web 服务器

Web 服务器是指驻留于互联网上某种类型计算机的程序。当 Web 浏览器（客户端）连到 Web 服务器上，并请求文件时，Web 服务器将处理该请求，并将文件发送反馈到 Web 浏览器上，附带的信息会告诉 Web 浏览器如何查看该文件。由于 Web 服务器使用 HTTP（超文本传输协议）与客户端浏览器进行信息交流，因此人们常把它们称为 "HTTP 服务器"。Web 服务器不仅能够存储信息，还能在通过 Web 浏览器向用户提供信息的基础上，运行脚本和程序。

9.1.2　配置 Tomcat 服务器

1. Tomcat 概述

Tomcat 是一个开源的 Web 应用服务器，是 Apache 软件基金会的一个子项目，它实现了 Java Servlet 和 Java Server Pages（JSP）规范。Tomcat 是一个轻量级应用服务器，可以作为独立的服务器运行，也可以作为 Apache 服务器的插件运行。Tomcat 提供了一些常用的功能，如负载均衡、会话管理、安全控制等。它具有跨平台的优势，可以部署在 Windows、Linux、Unix 等操作系统上。Tomcat 还提供了丰富的文档和社区支持，使其成为 Java Web 应用服务器中的佼佼者。

2. Tomcat 服务器安装步骤

在安装 Tomcat 服务器之前，需要安装好 JDK。

（1）在 Apache Tomcat 官网的下载页面上，找到适合自己操作系统的最新版本 Tomcat 的下载链接，下载 tar.gz 压缩包。

（2）解压下载的压缩包到我们自己选择的目录下。

（3）启动 Tomcat 服务器。

方法 1：在 bin 目录下找到 startup.bat 文件，双击打开，等待它自动跳转。

启动过程需要一些时间，等 Tomcat 启动窗口出现 "...start Server in XXXX ms"，我们就可以在网页上输入 localhost:8080，如果出现如图 9-1 所示的启动界面，就说明安装成功了。

方法 2：在 cmd 命令行输入 catalina run 后，会像方法 1 那样出现启动时间信息，然后正常启动。

如果不能启动，我们就需要将之前的解压目录（含 bin 子目录）添加到环境变量 path 中，并作为 path 路径列表中的第一个路径。再按照方法 1 或方法 2 的说明启动 Tomcat 服务器。

注意：一台服务器上只能运行一个 Tomcat 服务。

（4）关闭。

双击 bin 目录下的 shutdown.bat 文件，等它运行完就自动关闭了。当然也可以直接单击窗口右上角的叉图标关闭。

从官网下载 Windows 版本安装程序，按照默认方式安装，也非常方便。

Tomcat 服务器安装成功后，在网页浏览器中输入 http://192.168.0.1:8080 或 http:// 127.0.01:8080，会出现 Tomcat 安装信息页面（如图 9-1 所示）。

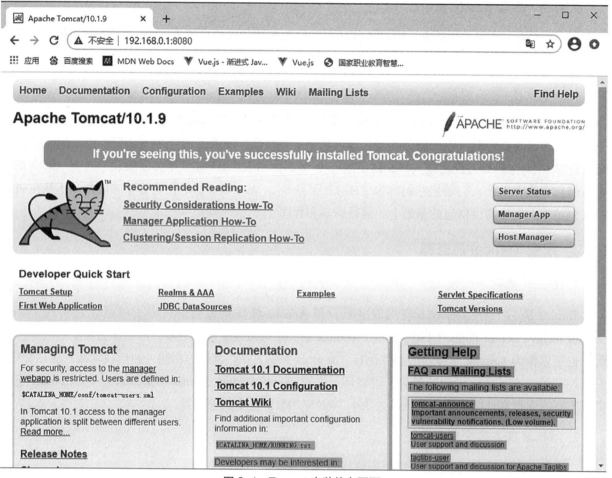

图 9-1 Tomcat 安装信息页面

任务总结

Java Web 应用程序由客户端（Browser）、Web 服务器、应用程序代码（Java Servlet、JSP、JavaBeans）等组成。Java Web 应用程序的工作原理通常涉及客户端和服务器端的交互。一般的工作流程为：在浏览器中输入网址，向服务器发送一个 HTTP 请求，服务器接收请求，并根据请求的信息进行处理，将生成响应返回给浏览器，浏览器接收到服务器的响应，根据响应的内容进行渲染和显示。学会搭建 Java Web 开发环境是学习使用 Java Web 编程的第一步。

任务思考

Java Web 的工作原理是什么？ Java Web 程序的基本结构是什么？如何搭建 Java Web 开发环境？Java Web 与 PHP、Java EE 应用程序的区别是什么？

JSP 页面设计

任务描述

　　JSP 应用于农产品销售平台的页面开发、业务逻辑实现和数据呈现等方面，可以轻松地将 Java 代码与 HTML 页面结合在一起，实现 Web 页面的动态生成和交互。JSP 可以使用 Java 代码来实现业务逻辑，如数据库访问、业务处理等。JSP 可以根据客户端请求的参数，从数据库或其他数据源中读取数据，然后将数据显示在页面上。

相关知识

9.2.1　JSP 技术概述

　　JSP 全名是 Java Server Pages，它是建立在 Servlet 规范之上的动态网页开发技术。在 JSP 文件中，HTML 代码与 Java 代码共同存在，其中，HTML 代码用来实现网页中静态内容的显示，Java 代码用来实现网页中动态内容的显示。为了与普通 HTML 有所区别，JSP 文件的扩展名为 .jsp。

9.2.2　JSP 基本语法

　　JSP 页面可以按照 HTML 页面的方式来编写，其中可以包含 HTML 文件的所有静态内容，在静态 HTML 页面中可以嵌套 JSP 元素以产生动态内容和执行业务逻辑。JSP 页面中的静态 HTML 元素被称为 JSP 模板元素，JSP 模板元素定义了网页的结构和外观。

　　1. JSP 表达式

```
<!-- 这个表达式是用来输出的 -->
<%= new Date().toLocaleString()%>
```

上述语句的作用是在网页上打印当前时间。

　　2. JSP 脚本片段

　　（1）简单的脚本片段。

```
<!-- 在脚本里写 Java 代码 -->
<%
  int x=10;
  out.print(new Date().toLocaleString());
%>
```

（2）单个脚本中的语句可以是不完整的，但是多个脚本片段组合后的结果必须是完整的 Java 语句。

```
<%
 for(int i=0;i<10;i++){
    %>
    <h1>yyy</h1><br>
    <%
 }
 %>
```

（3）JSP 声明。

```
<!-- 用来声明变量、方法，声明的是全局变量 -->
 <%!String name; %>
<!-- 在这里声明的变量是局部变量 -->
 <%int a=9;%>
```

（4）JSP 注释。

```
<%-- 这是注释内容 --%>
```

JSP 页面中的注释内容不会发布到客户端。

9.2.3 用记事本编写一个简单的 JSP 文件

```
<%@ page language="java" contentType="text/html; charset=GB18030" pageEncoding="GB18030"%>
<!DOCTYPE html PUBLIC"-//W3C//DTD HTML 4.01 Transitional//EN""http://www.w3.org/TR/html4/loose.dtd">
<html>
  <head>
    <meta http-equiv="Content-Type" content="text/html;charset=GB18030">
    <title>第一个 Java Web 应用</title>
  </head>
  <body>
    <center>HELLO WORLD!!!</center>
  </body>
</html>
```

在 Tomcat 目录 \webapps 中新建一个 test 目录，如图 9-2 所示。

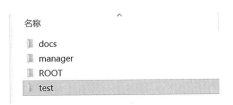

图 9-2　在 Tomcat 安装目录下新建文件夹

在 test 目录中将文件保存为 test.jsp，然后在浏览器中输入 http://127.0.0.1:8080/test/test.jsp，会出现如图 9-3 所示的界面，运行结果在网页上显示"HELLO WORLD!!!"。

图 9-3　test.jsp 文件运行界面

任务总结

JSP 页面本质上是一个 Servlet 程序，JSP 页面功能和 Servlet 后台功能是完全能够互换的，但是 JSP 的编码风格是在 HTML 中嵌入少量 Java 代码，显示数据比较方便。JSP 的执行过程大致可以分为转译（翻译）、编译、执行三个时期。第一次访问 JSP 页面时，Tomcat 服务器会将此 JSP 页面翻译成为一个 Java 源文件，并将其编译成为 .class 字节码文件。

任务思考

JSP 页面的基本结构是什么？ JSP 有哪些应用场景？ JSP 的生命周期包括哪几个阶段？ JSP 中有哪些常用指令标签和内置对象？ JSP 中如何使用 JavaBean？

任务 9.3　JSP+Servlet 应用

任务描述

作为运行在 Web 服务器或应用服务器上的程序，Servlet 可以用于处理各种类型的 HTTP 请求，访问数据库，生成动态内容。Servlet 和 JSP 可以结合使用，以实现更加灵活和高效的 Web 应用程序开发。通常情况下，Servlet 负责业务逻辑的处理，而 JSP 负责 Web 页面的生成和呈现。

相关知识

9.3.1　Servlet 概述

Servlet 是用 Java 语言编写的服务器端程序，它运行在 Web 服务器中，Web 服务器负责 Servlet 和客户端的通信以及调用 Servlet 方法，Servlet 和客户通信采用"响应 / 请求"的模式。

以 JSP 登录页面设计为例，在该页面中，Servlet 接收 JSP 发送的登录信息，并进行处理。

Servlet 的作用有：

（1）接受用户发送的请求；

（2）调用其他 Java 程序来处理请求；

（3）根据处理结果，服务器将响应返回给客户端。

9.3.2 实现 JSP+Servlet 登录功能

用 Eclipse 2022、JDK 11.0、Tomcat 10.1 设计一个简单的 JSP+Servlet 登录系统。该项目有四个文件，分别是 Servlet.java（Servlet 文件）、index.jsp、success.jsp、fail.jsp。主要操作步骤如下：

（1）在 Eclipse 中新建 Web 项目。

选择菜单 File → New → Dynamic Web Project，新建 Java Web 项目，如图 9-4 所示。

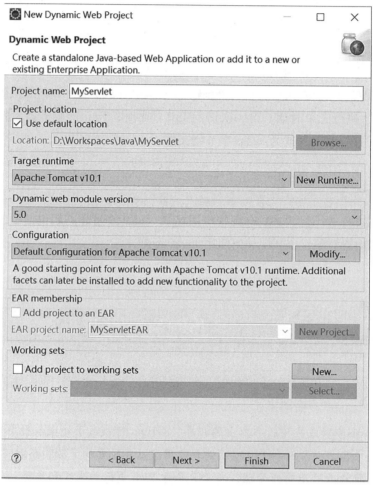

图 9-4　新建 Java Web 项目

（2）选中 source 目录，右击，新建 Servlet。

（3）选中 WebContent 目录，右击，新建 index.jsp、success.jsp、fail.jsp 三个 JSP 文件。

项目用到的 4 个文件内容分别如下所示：

```
Servlet.java
package com.jxvtc.servlet;
```

```java
import java.io.IOException;
import jakarta.servlet.ServletException;
import jakarta.servlet.annotation.WebServlet;
import jakarta.servlet.http.HttpServlet;
import jakarta.servlet.http.HttpServletRequest;
import jakarta.servlet.http.HttpServletResponse;

/**
 * Servlet implementation class Servlet
 */
@WebServlet("/Servlet")
public class Servlet extends HttpServlet {
    private static final long serialVersionUID = 1L;

  /**
   * @see HttpServlet#HttpServlet()
   */
public Servlet() {
  super();
  // TODO Auto-generated constructor stub
}

  /**
   * @see HttpServlet#doGet(HttpServletRequest request, HttpServletResponse
response)
   */
  protected void doGet(HttpServletRequest request, HttpServletResponse response)
throws ServletException, IOException {
      // TODO Auto-generated method stub

      doPost(request,response);

  }

  /**
   * @see HttpServlet#doPost(HttpServletRequest request, HttpServletResponse response)
   */
  protected void doPost(HttpServletRequest request, HttpServletResponse
response) throws ServletException, IOException {
```

```java
            // TODO Auto-generated method stub

        request.setCharacterEncoding("UTF-8");
        //request.setCharacterEncoding("UTF-8")的作用是设置对客户端请求进行重新编码的编码

        response.setContentType("text/html;charset:UTF-8");
        //response.setContentType("UTF-8")的作用是指定对服务器响应进行重新编码的编码
        String name = request.getParameter("name");
        // 获取 index 页面的用户名
        String password = request.getParameter("pwd");
        // 获取 index 页面的密码
        if (name.equals("penny") && password.equals("123456")) {
            // 判定用户名和密码

            response.sendRedirect("success.jsp");
            // 跳转至登录成功页面
        } else {
            response.sendRedirect("fail.jsp");
            // 跳转至登录失败页面
        }
    }
}


///////////////////////////////////////////////////////
index.jsp
package com.jxvtc.servlet;

import java.io.IOException;
import jakarta.servlet.ServletException;
import jakarta.servlet.annotation.WebServlet;
import jakarta.servlet.http.HttpServlet;
import jakarta.servlet.http.HttpServletRequest;
import jakarta.servlet.http.HttpServletResponse;

/**
 * Servlet implementation class Servlet
 */
@WebServlet("/Servlet")
```

```java
public class Servlet2 extends HttpServlet {
    private static final long serialVersionUID = 1L;


    /**
     * @see HttpServlet#HttpServlet()
     */
    public Servlet() {
        super();
        // TODO Auto-generated constructor stub
    }

    /**
     * @see HttpServlet#doGet(HttpServletRequest request, HttpServletResponse response)
     */
    protected void doGet(HttpServletRequest request, HttpServletResponse response)
throws ServletException, IOException {
        // TODO Auto-generated method stub


        doPost(request,response);

    }


    /**
     * @see HttpServlet#doPost(HttpServletRequest request, HttpServletResponse
response)
     */
    protected void doPost(HttpServletRequest request, HttpServletResponse response)
throws ServletException, IOException {
        // TODO Auto-generated method stub

        request.setCharacterEncoding("UTF-8");
        //request.setCharacterEncoding("UTF-8")的作用是设置对客户端请求进行重新编码的编码

        response.setContentType("text/html;charset:UTF-8");
        //response.setContentType("UTF-8")的作用是指定对服务器响应进行重新编码的编码

        String name = request.getParameter("name");
        // 获取 index 页面的用户名
        String password = request.getParameter("pwd");
```

```
            // 获取 index 页面的密码
            if (name.equals("penny") && password.equals("123456")) {
                    // 判定用户名和密码
                    response.sendRedirect("success.jsp");
                    // 跳转至登录成功页面
            } else {
                    response.sendRedirect("fail.jsp");
                    // 跳转至登录失败页面
            }
    }
}


///////////////////////////////////////////////////////////

success.jsp
<%@ page language="java" contentType="text/html; charset=UTF-8"
    pageEncoding="UTF-8"%>
<!DOCTYPE html PUBLIC "-//W3C//DTD HTML 4.01 Transitional//EN" "http://www.
w3.org/TR/html4/loose.dtd">
<html>
  <head>
        <meta http-equiv="Content-Type" content="text/html; charset=UTF-8">
        <title> 登录成功 </title>
  </head>
  <body>
        <h1>登录成功！！！ </h1>
        <input type="button" name="Submit" onclick="javascript:history.back(-
1);" value=" 返回再试一次? ">
  </body>
</html>


///////////////////////////////////////////////////////////

fail.jsp
<%@ page language="java" contentType="text/html; charset=UTF-8"
    pageEncoding="UTF-8"%>
<!DOCTYPE html PUBLIC"-//W3C//DTD HTML 4.01 Transitional//EN""http://www.
w3.org/TR/html4/loose.dtd">
<html>
```

```
<head>
        <meta http-equiv="Content-Type" content="text/html; charset=UTF-8">
        <title>Insert title here</title>
</head>
<body>
        登录失败！！！
        <input type="button" name="Submit" onclick="javascript:history.back(-1);"
value=" 重新登录 ">
</body>
</html>
```

（4）在 Eclipse 中调试运行 Servlet。

1）新建运行服务器 Servers。

选择 Eclipse 主窗口中的菜单 Windows → Show View → Servers，按照提示，选择对应版本的 Tomcat Server（如图 9-5 所示）。

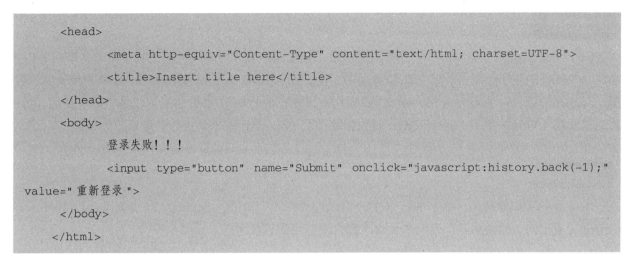

图 9-5　新建运行服务器

2）打开运行服务器 Servers。

让服务器在 debug 状态下运行，结果如图 9-6 所示。

图 9-6　Web 服务器启动状态显示

（5）测试 Servlet。

在浏览器中输入 http://localhost:8080/MyServlet/index.jsp，其中 MyServlet 是项目名称。运行结果如图 9-7 所示。

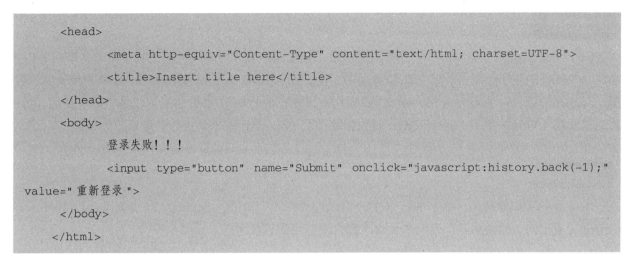

图 9-7　Servlet 运行结果

（任务总结）

Servlet 是 Java 语言编写的一个服务器端程序，它能够接收客户端发送的 HTTP 请求并返回 HTTP 响应。Servlet 的主要作用是扩展 Web 服务器的功能，如 Apache Tomcat 或 Jetty 等。JSP 更擅长展示数据，Servlet 更适合开发后台应用，在 MVC 模式下，往往 Servlet 作为控制层（Controller）使用，JSP 作为视图层（View）使用，通过 Servlet 将数据发送给 JSP，然后在 JSP 页面上展示。

（任务思考）

Servlet 的工作原理是什么？Servlet 的声明周期分哪几个阶段？Servlet API 中 forward（转发）与 redirect（重定向）的区别是什么？Servlet 有哪几种会话跟踪技术？

素养之窗

用信息技术为新型工业化强市赋能：2020 年全国劳动模范马腾

马腾是山东金麒麟股份有限公司信息部软件开发员，高级工。任职以来，他负责公司 ERP 系统的实施与推进、智能制造计划管理系统的开发等工作，主持开发业务流程管理系统 30 余个，在工作效率提升、人员精简和产品质量控制等方面实现综合经济效益达 100 余万元。他 2015 年参加第一届全市职工职业技能大赛获得第一名，并被授予德州市五一劳动奖章；2016 年被评为德州劳模；2018 年被评为省劳模；2020 年被评为全国劳模。马腾说，青春是用来奋斗的，成功需要"滴水穿石"的功夫，要做一个服务于新型工业化强市战略的创新型软件工作者。

我国正处于新旧产能转换、制造业转型升级、数字经济加快发展时期，包括软件技术在内的新一代信息技术与制造业融合发展，将推动中国由制造大国走向制造强国。

单元实训

≫ 实训　用 JSP 建立简单的留言板

LoginFrm.jsp 显示登录界面，建立名为 User 的 JavaBean，用于定义用户，包含 username、password 两个属性。checkValid.jsp 用于用户合法性检测，假设正确的用户名为"admin"，口令为"123"。若用户信息输入正确，则重定向到 messageBoard.jsp，进入留言板页面；若用户信息输入错误，则返回到登录界面。showMessage.jsp 显示留言信息，包括留言者、留言标题、留言内容。

注意： 用户信息存储在 Session 中。

≫ 拓展实训　在农产品销售平台中，用 JSP+MySQL+Servlet 实现用户登录功能

实现思路：

采用 MVC 架构。登录页面 login.jsp，输入用户名和密码后，跳转到登录处理程序 loginServlet，进行业务逻辑处理，调用服务层，服务层调用数据访问层（DAL），连接数据库，查询数据库，以此判断是否登录成功。若登录成功，则跳转到登录成功页面 success.jsp，否则跳转到登录失败页面 failure.jsp。

单元小结

用 JSP 和 Servlet 实现简单登录过程分析：

（1）JSP 一般用来写向用户展现的界面的代码，Servlet 则用来写逻辑部分（如处理登录信息）。

（2）request 对象和 response 对象。

（3）session 对象用来保存用户登录信息，application 对象则用来存储登录人数。

课后巩固

扫一扫，完成课后习题。

单元 9　课后习题

参考文献

[1] 眭碧霞 . Java 程序设计项目教程 [M]. 2 版 . 北京：高等教育出版社，2019.

[2] 国信蓝桥教育科技 (北京) 股份有限公司，陈运军，顾群，曹小平 . Java 程序设计基础教程 [M]. 北京：
    电子工业出版社，2020.

[3] 耿祥义，张跃平 . Java 2 实用教程：题库 + 微课视频版 [M]. 6 版 . 北京：清华大学出版社，2021.

[4] 国信蓝桥教育科技 (北京) 股份有限公司，郑未，颜群 . Java 程序设计高级教程 [M]. 北京：电子工
    业出版社，2021.

[5] 张红 . Java 程序设计案例教程 [M]. 北京：高等教育出版社，2020.

[6] 凯·S. 霍斯特曼（Cay S. Horstmann）. Java 核心技术：原书第 12 版 . 卷 I，开发基础 [M]. 北京：
    机械工业出版社，2022.

[7] 徐红，张宗国 . Java 程序设计 [M]. 2 版 . 北京：高等教育出版社，2019.

[8] 许敏，史茨中 . Java 程序设计案例教程 [M]. 2 版 . 北京：机械工业出版社，2022.

[9] 赵国玲，等 .Java 程序设计项目式教程：含实训任务单 [M]. 北京：机械工业出版社，2023.